L&PMPOCKET**ENCYCLOPAEDIA**

Relatividade

SÉRIE L&PM POCKET ENCYCLOPAEDIA

Alexandre, o Grande Pierre Briant
Budismo Claude B. Levenson
Cabala Roland Goetschel
Capitalismo Claude Jessua
Cérebro Michael O'Shea
China moderna Rana Mitter
Cleópatra Christian-Georges Schwentzel
A crise de 1929 Bernard Gazier
Cruzadas Cécile Morrisson
Dinossauros David Norman
Economia: 100 palavras-chave Jean-Paul Betbèze
Egito Antigo Sophie Desplancques
Escrita chinesa Viviane Alleton
Existencialismo Jacques Colette
Geração Beat Claudio Willer
Guerra da Secessão Farid Ameur
História da medicina William Bynum
Império Romano Patrick Le Roux
Impressionismo Dominique Lobstein
Islã Paul Balta
Jesus Charles Perrot
John M. Keynes Bernard Gazier
Kant Roger Scruton
Lincoln Allen C. Guelzo
Memória Jonathan K. Foster
Maquiavel Quentin Skinner
Marxismo Henri Lefebvre
Mitologia grega Pierre Grimal
Nietzsche Jean Granier
Paris: uma história Yvan Combeau
Primeira Guerra Mundial Michael Howard
Relatividade Russell Stannard
Revolução Francesa Frédéric Bluche, Stéphane Rials e Jean Tulard
Santos Dumont Alcy Cheuiche
Sigmund Freud Edson Sousa e Paulo Endo
Sócrates Cristopher Taylor
Teoria quântica John Polkinghorne
Tragédias gregas Pascal Thiercy
Vinho Jean-François Gautier

Russell Stannard

Relatividade

Tradução de Iuri Abreu

www.lpm.com.br

L&PM POCKET

Coleção **L&PM** POCKET, vol. 991

Russell Stannard é professor emérito de Física na Open University, na Inglaterra. É autor de diversos livros sobre o tema, tanto para adultos como para crianças, traduzidos para mais de vinte línguas. Com Paul Davies, escreveu *The God Experiment*, baseado em uma série de palestras.

Texto de acordo com a nova ortografia.

Título original: *Relativity*

Primeira edição na Coleção **L&PM** POCKET: dezembro de 2011

Tradução: Iuri Abreu
Capa: Ivan Pinheiro Machado. *Foto*: NYT/The New York Times / Latinstock
Preparação: Patrícia Yurgel
Revisão: Lívia Schleder de Borba

CIP-Brasil. Catalogação na Fonte
Sindicato Nacional dos Editores de Livros, RJ

S791r

Stannard, Russell, 1931-
   Relatividade / Russell Stannard; tradução de Iuri Abreu. – Porto Alegre, RS: L&PM, 2011.
   128p. : il.   (Coleção L&PM POCKET; v. 991)

   Tradução de: *Relativity*
   Inclui bibliografia e índice
   ISBN 978-85-254-2561-4

   1. Einstein, Albert, 1879-1955. 2. Relatividade Geral (Física). 3. Relatividade (Física) I. Título. II. Série.

11-7424.	CDD: 530.11
	CDU: 530.12

© Russell Stannard, 2008
***Relatividade* foi originalmente publicado em inglês em 2008.
Esta tradução é publicada conforme acordo com a Oxford University Press.**

Todos os direitos desta edição reservados a L&PM Editores
Rua Comendador Coruja, 314, loja 9 – Floresta – 90220-180
Porto Alegre – RS – Brasil / Fone: 51.3225.5777 – Fax: 51.3221.5380

PEDIDOS & DEPTO. COMERCIAL: vendas@lpm.com.br
FALE CONOSCO: info@lpm.com.br
www.lpm.com.br

Impresso no Brasil
Primavera de 2011

Sumário

Prefácio 7

Parte 1: Relatividade especial 9
   O princípio da relatividade e a velocidade da luz 9
   Dilatação do tempo 13
   O paradoxo dos gêmeos 18
   Contração do comprimento 21
   Perda de simultaneidade 24
   Diagramas espaço-tempo 27
   Espaço-tempo quadridimensional 33
   A velocidade definitiva 41
   $E = mc^2$ 44

Parte 2: Relatividade geral 51
   O princípio de equivalência 51
   Os efeitos da aceleração e da gravidade sobre
      o tempo 57
   O paradoxo dos gêmeos revisitado 63
   A curvatura da luz 69
   Espaço curvo 73
   Buracos negros 87
   Ondas gravitacionais 103
   O universo 107

Leituras complementares 119

Índice remissivo 121

Lista de ilustrações 125

Prefácio

Todos nós crescemos com algumas ideias básicas referentes a espaço, tempo e matéria. Eis algumas delas:

* Todos habitamos o mesmo espaço tridimensional;
* O tempo passa com a mesma velocidade para todos;
* Dois eventos ocorrem simultaneamente ou um após o outro;
* Desde que haja potência suficiente, não há limite para a velocidade em que se pode viajar;
* A matéria não pode ser criada nem destruída;
* Os ângulos de um triângulo somam 180°;
* A circunferência de um círculo é $2\pi \times$ o raio;
* No vácuo, a luz sempre se propaga em linhas retas.

Essas noções parecem ser pouco mais do que o senso comum. Porém, cuidado:

> Senso comum é o conjunto de preconceitos adquiridos até os dezoito anos.
>
> Albert Einstein

De fato, a teoria da relatividade de Einstein desafia todas as afirmações acima. Há circunstâncias em que se pode demonstrar que cada uma delas é falsa. Por mais surpreendentes que sejam tais resultados, não é difícil reconstituir o raciocínio de Einstein. Neste livro, veremos como, partindo de observações cotidianas bem conhecidas, em combinação com os resultados de determinados experimentos, podemos chegar logicamente a essas conclusões. De tempos em tempos, um pouco de matemática será introduzido, mas nada além do uso de raízes quadradas e do teorema de Pitágoras. Os leitores aptos e que desejem acompanhar um raciocínio matemático mais detalhado devem consultar a lista de leituras adicionais.

A teoria é dividida em duas partes: a teoria especial da relatividade, formulada em 1905, e a teoria geral da relatividade, elaborada em 1916. A primeira lida com os efeitos do movimento uniforme sobre o espaço e o tempo. A segunda inclui os efeitos adicionais da aceleração e da gravidade. A primeira é um caso especial da teoria geral mais ampla. É com esse caso especial que começamos...

Parte 1
Relatividade especial

O princípio da relatividade e a velocidade da luz

Imagine que você está dentro de um vagão de trem em uma estação. Pela janela, você vê um segundo trem parado ao lado do seu. Soa o apito, e finalmente você vai seguir caminho. Você desliza suavemente ao lado do outro trem. O último vagão desaparece de vista, possibilitando que você veja a estação, que também desaparece à medida que fica para trás. Contudo, a estação *não* está desaparecendo; ela continua no mesmo lugar, sem se mexer – assim como você está sentado no trem sem ir a lugar algum. Então você começa a se dar conta de que não estava se movendo; era o *outro* trem que se punha em marcha.

Uma observação simples. Todos nós fomos enganados dessa forma em algum momento. A verdade é que não sabemos dizer se estamos, de fato, nos movendo ou não – pelo menos no que se refere a movimento retilíneo uniforme. Normalmente, ao viajar de carro, por exemplo, sabemos que estamos nos movendo. Mesmo se estivermos com os olhos fechados, conseguimos sentir a pressão conforme o carro dobra esquinas, passa sobre quebra-molas, acelera ou reduz a velocidade bruscamente. Porém, voando em uma aeronave de modo regular, com exceção do ruído feito pelo motor e das pequenas vibrações, não haveria como dizer que estamos em movimento. A vida prossegue dentro do avião exatamente da mesma forma como se ele estivesse parado no solo. Dizemos que o avião oferece um *referencial inercial*. Com isso, queremos dizer que a lei de Newton da inércia se aplica – ou seja, quando visto por esse referencial, um objeto não mudará sua velocidade nem sua direção, a menos que seja influenciado por uma força resultante. Um copo d'água na bandeja à sua frente, por exemplo, permanece imóvel até que você o mova com sua mão.

Mas e se você olhar pela janela da aeronave e vir a terra passando lá embaixo? Isso não é uma indicação de que o avião está se movendo? Na verdade, não. Afinal, a terra não é algo estático: ela está se movendo em órbita em torno do Sol, o qual está orbitando o centro da Via Láctea que por sua vez está se movendo dentro de um grupo de galáxias semelhantes. Tudo que podemos dizer é que esses movimentos são todos *relativos*. O avião se move em relação à Terra; a Terra se move em relação ao avião. Não há como decidir quem está *realmente* imóvel. Qualquer um que se mova em relação a outra pessoa em repouso tem o direito de achar que está em repouso e que o outro está se movendo. Isso acontece porque as leis da natureza – as regras que governam tudo o que existe – são as mesmas para todos em movimento uniforme, isto é, todos em um referencial inercial. Esse é o *princípio da relatividade*.

E não foi Einstein quem descobriu esse princípio; ele remonta a Galileu. Neste caso, por que a palavra "relatividade" ficou associada ao nome de Einstein? O que Einstein observou foi que, entre as leis da natureza, estavam as leis do eletromagnetismo de Maxwell. Segundo Maxwell, a luz é uma forma de radiação eletromagnética. Sendo assim, conhecendo as intensidades das forças elétricas e magnéticas, é possível calcular a velocidade da luz, c, no vácuo. O fato de que a luz tem uma velocidade não é imediatamente óbvio. Quando entramos em um quarto escuro e acendemos uma luminária, a luz parece estar em todos os lugares – teto, paredes e chão – de forma instantânea. Mas não é isso o que acontece. Leva tempo para que a luz se propague da lâmpada até seu destino. Não muito tempo – é rápido demais para se ver o atraso a olho nu. De acordo com essa lei da natureza, a velocidade da luz no vácuo, c, é 299.792.458 quilômetros por segundo (com uma pequeníssima variação no ar). Essa é a medição que se faz da velocidade.

E se a fonte de luz estivesse se movendo? Poderia se esperar, por exemplo, que a luz se comportasse como um projétil disparado de um navio de guerra em movimento. Um observador na orla esperaria que a velocidade do navio fosse adicionada à velocidade do projétil se este fosse disparado para frente, e subtraída se fosse disparado para trás. O comportamento da luz nesse aspecto foi avaliado no laboratório do CERN em Genebra em 1964, usando-se partículas subatômicas chamadas de *píons neutros*. Os píons, propagando-se a $0,99975c$, se desintegravam com a emissão de dois pulsos de luz. Constatou-se que ambos os pulsos tinham a velocidade normal da luz, c, com precisão de mensuração de 0,1%. Então, a velocidade da luz não depende da velocidade da fonte.

Ela também não depende de o observador da luz estar se movendo ou não. Voltemos ao exemplo da embarcação em movimento. Já tendo estabelecido que a luz não se comporta como um projétil disparado por uma arma, podemos esperar que ela se comporte como as ondulações na água. Se o observador agora fosse alguém a bordo de um barco em movimento, a frente de onda pareceria se mover na dianteira do barco mais lentamente do que na parte traseira – devido ao movimento do barco e da própria pessoa em relação à água (veja a Figura 1). Se a luz fosse uma onda se movendo por um meio que permeasse todo o espaço – um meio provisoriamente chamado de éter –, então, com a Terra abrindo caminho através do éter, deveríamos constatar que a velocidade da luz em relação a nós, observadores, propagando-se junto com a Terra é diferente em direções distintas.

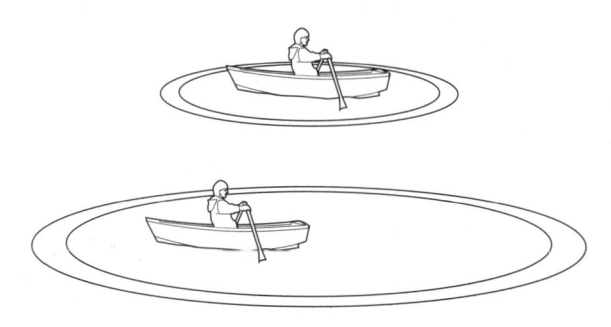

1. Ondulações geradas por um barco parecem, para um observador no barco, se distanciar mais lentamente para frente do que para trás.

Mas no famoso experimento conduzido por Michelson e Morley em 1887, descobriu-se que a velocidade da luz era a mesma em todas as direções. Logo, a velocidade da luz independe do fato de considerarmos a fonte ou o observador em movimento.

Portanto, temos o seguinte:

(i) O princípio da relatividade, que afirma que as leis da natureza são as mesmas para todos os referenciais inerciais.

(ii) Uma dessas leis nos permite calcular o valor da velocidade da luz no vácuo – um valor que é o mesmo em todos os referenciais inerciais, não importando a velocidade da fonte nem a do observador.

Essas duas afirmações vieram a ser conhecidas como os dois *postulados* (ou princípios fundamentais) da relatividade especial.

Tais fatos eram de conhecimento comum entre físicos há muito tempo. Foi necessária a genialidade de Einstein para perceber que, embora cada uma das afirmações fizesse sentido separadamente, pareciam não fazer nenhum sentido ao serem combinadas. Parecia que, se a primeira delas estivesse correta, então a segunda deveria estar errada ou, se a segunda estivesse certa, a primeira teria que estar errada. Se ambas estivessem certas – o que parece que conseguimos estabelecer –, então algo extremamente sério deveria estar incorreto. O fato da velocidade da luz ser a mesma para todos os observadores inerciais sem se considerar o movimento da fonte nem do observador significa que nossa maneira usual de adicionar e subtrair velocidades está equivocada. E se há algo de errado com nossa concepção de velocidade (que é simplesmente a distância dividida pelo tempo), então isso, por sua vez, implica que deve haver algo de errado com nossa concepção de espaço, tempo ou ambos. Não é com uma peculiaridade da luz ou radiação eletromagnética que estamos lidando. *Qualquer coisa* que se propaga à mesma velocidade que a da luz terá o mesmo valor de velocidade para todos os observadores inerciais. O que é essencial é a velocidade (e as implicações para o espaço e o tempo subjacentes) – e não o fato de que estamos lidando com a luz.

Dilatação do tempo

Para ver o que está incorreto, imagine uma astronauta em uma espaçonave de alta velocidade e um controlador da missão no solo. Ambos têm relógios idênticos. A astronauta deve realizar um experimento simples. Na base da nave, ela deve fixar uma luminária que emite um pulso de luz. O pulso viaja diretamente para cima em ângulos retos com relação ao sentido do movimento da espaçonave (veja a Figura 2). Lá, o pulso atinge um alvo circular preso ao teto. Digamos que a altura da nave seja de quatro metros. Com a luz viajando à velocidade c, a astronauta constata que o tempo necessário para essa viagem, t', conforme medido em seu relógio, é dado por $t' = 4/c$.

Agora vamos ver como seria isso da perspectiva do controlador da missão. À medida que a nave passa por sobre sua cabeça, ele também observa a viagem realizada pelo pulso de luz da fonte ao alvo. Segundo sua perspectiva, durante o tempo necessário para que o pulso chegue ao alvo, este terá se movido para frente de onde estava quando o pulso foi emitido. Para ele, o trajeto não é vertical: é inclinado (veja a Figura 3).

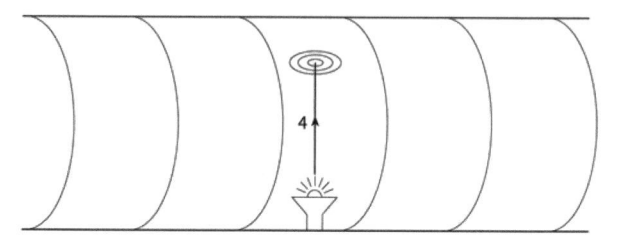

2. A astronauta faz com que um pulso de luz seja direcionado a um alvo, de forma que a luz se propaga em ângulos retos ao sentido do movimento da espaçonave.

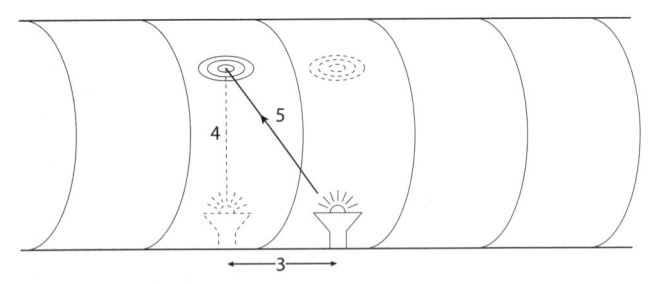

3. De acordo com o controlador da missão na Terra, conforme a nave passa por sobre sua cabeça, o alvo se move para frente no tempo que leva para que o pulso de luz realize sua viagem. Portanto, o pulso precisa percorrer um trajeto diagonal.

O comprimento desse trajeto em declive será claramente mais longo do que foi do ponto de vista da astronauta. Digamos que a espaçonave se mova para frente três metros no tempo que leva para que o pulso de luz viaje da fonte ao alvo. Usando o teorema de Pitágoras, onde $3^2 + 4^2 = 5^2$, vemos que a distância percorrida pelo pulso para atingir o alvo é, segundo o controlador, cinco metros.

Então, qual o tempo que ele encontra para que o pulso realize a viagem? Evidente que é a distância percorrida, cinco metros, dividida pela velocidade em que ele vê a luz se propagando, que já estabelecemos como sendo c (a mesma para a astronauta). Assim, para o controlador, o tempo percorrido, t, registrado em seu relógio, é dado por $t = 5/c$.

Mas esse não é o tempo encontrado pela astronauta. Sua medição do tempo resultou em $t' = 4/c$. Portanto, eles discordam em relação a quanto tempo levou para que o pulso realizasse a viagem. Segundo o controlador, a leitura no relógio da astronauta é baixa demais; o relógio dela está andando mais lentamente do que o seu.

E não é apenas o relógio. Tudo o que acontece na espaçonave está desacelerado na mesma razão. Não fosse assim, a astronauta conseguiria perceber que seu relógio estava indo mais devagar (comparado, digamos, com sua frequência cardíaca ou com o tempo necessário para ferver uma chaleira etc.). E isso, por sua vez, permitiria que ela deduzisse estar se movendo – sua velocidade afetando, de alguma forma, o mecanismo do relógio. Porém, isso não é permitido pelo princípio da relatividade. Todo movimento uniforme é relativo. A vida para a astronauta deve proceder exatamente da mesma forma do que para o controlador da missão. Logo, concluímos que tudo o que acontece na espaçonave – o relógio, as operações dos aparelhos eletrônicos, o envelhecimento da astronauta, seus processos de pensamento – está desacelerado na mesma razão. Quando ela observa seu relógio lento com seu cérebro lento, nada parece estar errado. De fato, no que lhe diz respeito, tudo dentro da nave continua em sincronia e parece normal. É somente de acordo com o controlador que tudo na espaçonave está desacelerado. Isso é a *dilatação do tempo*. A astronauta tem seu tempo, e o controlador, o dele. Eles não são o mesmo.

Nesse exemplo, pegamos um caso específico, em que a astronauta e a espaçonave viajam três metros no tempo que leva para que a luz viaje cinco metros da fonte ao alvo. Em outras palavras, a nave está viajando a uma velocidade de $3/5c$, isto é, $0,67c$. E, para essa determinada velocidade, descobrimos que o tempo da astronauta foi desacelerado por um fator de $4/5$, ou seja, $0,8$. É fácil obter uma fórmula para qualquer velocidade escolhida, v. Aplicamos o teorema de Pitágoras ao triângulo ABC. As distâncias são mostradas na Figura 4. Logo:

$$\begin{aligned} AC^2 &= AB^2 + BC^2 \\ AB^2 &= AC^2 - BC^2 \\ c^2 t'^2 &= (c^2 - v^2) t^2 \\ t'^2 &= (1 - v^2/c^2) t^2 \\ t' &= t \sqrt{(1 - v^2/c^2)} \end{aligned} \quad (1)$$

Nesta fórmula, vemos que, se v for pequena em comparação a c, a expressão sob o sinal de raiz quadrada se aproxima de um, e $t' \approx t$. Ainda assim, mesmo se v for muito pequena, o efeito de dilatação continua lá.

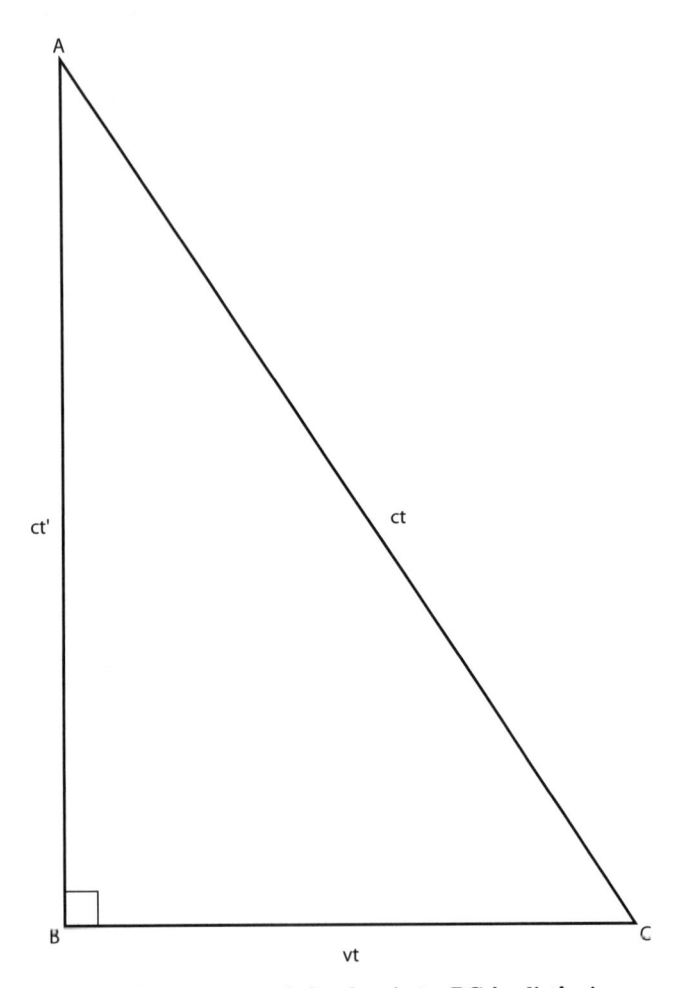

4. De acordo com o controlador da missão, BC é a distância percorrida pela espaçonave no tempo necessário para que o pulso de luz viaje até o alvo, e AC é a distância percorrida pelo pulso. AB é a distância percorrida pelo pulso de acordo com a astronauta.

Isso significa que, estritamente falando, sempre que embarcarmos em uma jornada – uma viagem de ônibus, por exemplo – devemos reajustar nosso relógio na chegada para que ele volte a estar em sincronia com todos os relógios imóveis. A razão por que não fazemos isso é que o efeito é muito pequeno. Por exemplo, alguém que escolha dirigir trens expressos por toda sua vida profissional estará fora de sincronia em relação aos sedentários em não mais de aproximadamente um milionésimo de segundo quando se aposentar. Nem vale a pena se preocupar com algo assim.

No outro extremo, a fórmula nos mostra que, conforme v se aproxima de c, a expressão sob o sinal de raiz quadrada se aproxima de zero, e t' tende a ser zero. Em outras palavras, o tempo para a astronauta chegaria, de maneira efetiva, a paralisar. Isso implica que, se os astronautas fossem capazes de voar muito próximo à velocidade da luz, quase não envelheceriam e, com efeito, viveriam para sempre. A desvantagem, naturalmente, é que seus cérebros quase atingiriam a paralisação, o que, por sua vez, significa que não teriam consciência de terem descoberto o segredo da juventude eterna.

Basta de teoria. Afinal, ela é verdadeira na prática? Enfaticamente, sim. Em 1977, por exemplo, foi conduzido um experimento no laboratório do CERN, em Genebra, sobre partículas subatômicas chamadas de *múons*. Essas partículas minúsculas são instáveis e, após um tempo médio de $2,2 \times 10^{-6}$ segundos (isto é, 2,2 milionésimos de segundo), elas se dividem em partículas menores. Os pesquisadores fizeram com que elas percorressem repetidamente uma trajetória circular com cerca de 14 metros de diâmetro em uma velocidade de $v = 0,9994c$. O tempo de vida médio desses múons em movimento foi 29,3 vezes mais longo do que o de múons estacionários – exatamente o resultado esperado com base na fórmula que derivamos, com precisão experimental de uma parte em 2 mil.

Em outro experimento, realizado em 1971, a fórmula foi verificada em velocidades de aeronaves usando relógios atômicos idênticos, um a bordo do avião, e o outro no solo.

Novamente, houve concordância com a teoria. Esses e inúmeros outros experimentos confirmam a exatidão da fórmula de dilatação do tempo.

O paradoxo dos gêmeos

Vimos como o controlador da missão percebe o tempo passar lentamente na espaçonave em movimento, enquanto a astronauta considera seu tempo normal. Como a *astronauta* vê o tempo do *controlador da missão*?

À primeira vista, alguém poderia pensar que, se o tempo dela está andando devagar, então, quando ela observar o que está acontecendo no solo, perceberá que o tempo lá embaixo está passando rapidamente. Mas isso não pode estar certo. Se estivesse, então imediatamente poderíamos concluir quem estava de fato se movendo e quem estava parado. Teríamos determinado que a astronauta era o observador em movimento porque seu tempo foi afetado pelo movimento, mas o do controlador não. Porém, isso viola o princípio da relatividade, segundo o qual para referenciais inerciais todo movimento é relativo. Dessa forma, o princípio nos leva à conclusão (confessadamente incômoda) de que, se o controlador inferir que o relógio da astronauta está andando mais devagar do que o seu, então ela concluirá que o relógio do controlador está andando mais devagar do que o dela. Mas como – você pode perguntar – isso é possível? Como podemos ter dois relógios e ambos estarem atrasados em relação ao outro?!

Um preâmbulo para abordar esse problema é que primeiro devemos reconhecer que, no contexto que descrevemos, não estamos comparando relógios lado a lado. Embora a astronauta e o controlador possam ter sincronizado seus relógios enquanto estavam momentaneamente próximos no início da viagem espacial, não podem fazer o mesmo para a leitura subsequente; a espaçonave e seu relógio já voaram para um local bem distante. O controlador somente pode descobrir como está indo o relógio da astronauta se esperar por algum tipo de sinal (talvez um sinal de luz) emitido pelo relógio e recebido pelo próprio controlador. Então, ele precisa considerar o fato de que leva algum tempo para que esse sinal viaje da nova localização da nave até ele. Adicionando esse tempo de transmissão à leitura do relógio quando o sinal foi emitido, ele pode calcular o horário no outro relógio e compará-lo com o seu. É somente então que ele conclui que o relógio da astronauta está mais lento. Porém, observe que se trata do resultado de um *cálculo*, não de uma comparação visual direta. Isso também será verdadeiro para a astronauta. Ela apenas chega à conclusão de que é o relógio do controlador que está lento com base em um cálculo que utiliza um sinal emitido pelo relógio dele.

Tudo isso, sem dúvida, ainda deixa uma pergunta perturbadora no ar: "Qual relógio está *realmente* andando mais devagar?". No contexto que descrevemos, essa é uma questão sem sentido. Não há resposta. No que tange ao controlador, é verdade que o relógio da astronauta é o que está andando devagar; em relação à astronauta, é verdade que o relógio do controlador está atrasado. E temos que deixar as coisas assim mesmo.

Mas as coisas não ficaram assim. Entra em cena o famoso *paradoxo dos gêmeos*, segundo o qual as conclusões aparentemente contraditórias surgem porque os tempos estão sendo *calculados*. Mas e se os cálculos pudessem ser substituídos por comparações lado a lado dos dois relógios no final e no início da viagem? Desta forma, não haveria ambiguidade. Isso exigiria que a espaçonave, após viajar, digamos, a um planeta distante, fizesse a volta e retornasse para casa, de forma que os dois relógios pudessem ser comparados diretamente. Na formulação original do paradoxo, imaginou-se que havia dois gêmeos: um que fez a viagem de volta e outro que permaneceu no espaço. No retorno do viajante, não é possível que um gêmeo seja mais jovem do que o outro. Então qual deles realmente envelheceu mais que o outro – ou será que ambos ainda têm a mesma idade?

A resposta é dada pelo experimento mencionado anteriormente e envolve os múons viajando de maneira contínua sobre o trajeto circular. Esses múons desempenham o papel da astronauta. Eles partem de um determinado ponto no laboratório, realizam um circuito e retornam ao início. E são esses múons em movimento que envelhecem menos do que um conjunto equivalente que permanece no laboratório. Portanto, isso demonstra que é o relógio da astronauta que estará atrasado em relação ao do controlador quando forem diretamente comparados pela segunda vez.

Isso significa que violamos o princípio da relatividade e revelamos qual observador *realmente* está se movendo e, por consequência, qual relógio é *realmente* desacelerado por esse movimento? Não. E a razão para isso é que o princípio se aplica somente a observadores inerciais. A astronauta estava em um referencial inercial enquanto viajava em velocidade constante para o planeta distante e novamente na viagem de retorno enquanto se movia com velocidade constante. Porém – e trata-se de um grande "porém" –, para reverter a direção da espaçonave no ponto de retorno, os foguetes precisaram ser ativados, objetos soltos em cima da mesa teriam caído, a astronauta seria pressionada contra o assento e assim por diante. Em outras palavras, para a duração do acionamento dos foguetes, a nave não estava mais em um referencial inercial; a lei de Newton da inércia não se aplicou. Apenas um observador permaneceu em um referencial inercial durante todo o tempo: o controlador da missão. Somente o controlador da missão pode aplicar a fórmula da dilatação do tempo durante toda a experiência. Logo, se ele concluir que o relógio da astronauta está indo devagar, então isso será constatado quando os relógios forem comparados diretamente. Em função do período de aceleração submetido pela astronauta, a simetria entre os dois observadores é quebrada – e o paradoxo é resolvido.

Pelo menos *parcialmente* resolvido. A astronauta sabe que violou a condição de permanecer em um referencial inercial por todo o tempo e, por isso, precisa aceitar que não pode automática e cegamente usar a fórmula de dilatação do tempo (na forma em que seu uso é justificado pelo controlador da missão). Mas ainda resta um enigma para ela. Durante a viagem constante de ida, ela pode, por meio de cálculos, concluir que o relógio do controlador estava indo mais devagar em relação ao seu. Durante a viagem constante de volta para casa, ela pode concluir que o relógio do controlador estará perdendo ainda mais tempo comparado com o seu (o efeito de dilatação do tempo não é dependente do sentido do movimento – apenas da velocidade do relógio em movimento referente ao observador). Sendo assim, como é possível que o relógio do controlador da missão tenha se *adiantado* em relação ao da astronauta? O que causou *isso*? Existe alguma maneira pela qual a astronauta poderia calcular antecipadamente que o relógio do controlador estaria à frente do seu no final da viagem de retorno? A resposta é sim, existe. Mas teremos que reservar a resolução completa do paradoxo dos gêmeos para mais tarde – quando tivermos uma chance de ver que efeito a aceleração tem sobre o tempo.

Contração do comprimento

Imagine a espaçonave viajando para um planeta distante. Conhecendo a velocidade da nave, v, e a distância, s, da Terra ao planeta, o controlador da missão pode calcular quanto tempo durará a viagem de acordo com seu próprio relógio. Ele encontra $t = s/u$. A astronauta pode fazer o mesmo tipo de cálculo. Porém, já sabemos que seu tempo, t', não será o mesmo que o do controlador devido à dilatação do tempo. Portanto, ela não descobrirá que chegou cedo demais – que não seria possível ter percorrido uma distância, s, com velocidade, v, no tempo reduzido, t'? Isso permitira que ela concluísse que quem está realmente se movendo é ela. Novamente, isso violaria o princípio da relatividade. Algo está obviamente errado. Mas o quê? Não pode ser a velocidade, v; os dois observadores estão de acordo quanto à sua velocidade relativa. Não, a resolução do dilema está em suas respectivas estimativas da distância entre a Terra e o planeta. Assim como o controlador tem seu tempo, t, e a astronauta tem o dela, t', ele tem sua estimativa da distância,

s, e ela tem a dela, s'. Como eles diferem? Na mesma razão que os tempos diferiam:

Para a astronauta, $\quad s' = vt'$
$\quad s' = vt \sqrt{(1 - v^2/c^2)}$
Mas, para o controlador, $\quad s = vt$
Portanto, $\quad s' = s \sqrt{(1 - v^2/c^2)} \quad\quad (2)$

Em outras palavras, a astronauta está perfeitamente feliz com seu tempo de chegada no planeta. A leitura em seu relógio é menor do que a do controlador porque, segundo a astronauta, ela não viajou toda a distância alegada por ele. A uma velocidade de $0,67c$, o tempo de viagem segundo ela é 4/5 do que ele diz ser porque ela afirma ter viajado apenas 4/5 da distância. Logo, suas estimativas de tempo e distância são completamente autoconsistentes – assim como o conjunto de estimativas do controlador são internamente autoconsistentes.

Dessa forma, chegamos a uma segunda consequência da teoria da relatividade. Além de a velocidade afetar o tempo, ela também afeta o espaço. No que tange à astronauta, tudo o que está se movendo em relação a ela está achatado ou contraído. Isso se aplica à distância entre a Terra e o planeta e à forma da própria Terra e do planeta: eles não são mais esféricos. Todas as distâncias no sentido do movimento são contraídas, não sendo afetadas as distâncias em ângulos retos a esse movimento. Tal fenômeno é conhecido como *contração do comprimento*.

E é claro que, pelo princípio da relatividade, o que se aplica à astronauta também se aplica ao controlador. As distâncias se movendo em relação a ele serão contraídas. À velocidade com que a nave está viajando, $0,67c$, o comprimento da nave em movimento parecerá ser, para o controlador, de apenas 4/5 do que era quando imóvel na plataforma de lançamento. E não apenas a nave, mas todo o seu conteúdo – inclusive o corpo da astronauta, que parecerá achatado (veja a Figura 5). Não que ela vá sentir isso. Esse não é o tipo de achatamento que se obtém quando um objeto pesado é colo-

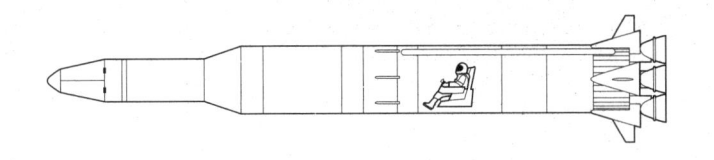

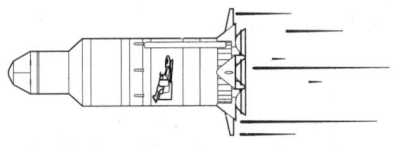

5. Segundo o controlador da missão, tanto a espaçonave em aceleração quanto todo o seu conteúdo têm o comprimento contraído.

cado sobre o peito, por exemplo. Não é um efeito mecânico; é o próprio espaço que é contraído. Esse tipo de contração afeta tudo, inclusive os átomos do corpo da astronauta; eles serão reduzidos de tamanho no sentido do movimento – e, portanto, não precisam de tanto espaço para se encaixar.

Então, ela não sente nada. Nem *percebe* que tudo dentro da nave está achatado. Isso acontece porque sua retina está achatada na mesma razão, portanto a imagem da cena projetada na retina assume a mesma proporção da área disponível e, assim, os sinais para o cérebro são normais. Tudo isso se aplica a todas as velocidades em que ela viajar. Bem próximo à velocidade da luz, a espaçonave poderia ficar mais achatada do que um CD, e a astronauta ainda não sentiria nem veria nada de anormal.

Um último ponto antes de concluir este tópico. A Figura 5 ilustra o que o controlador conclui sobre a espaçonave conforme ela acelera e passa por ele: a nave tem seu comprimento contraído. Mas o que ele realmente *vê* – com seus olhos? Uma fotografia da nave se pareceria com aquilo? Aqui, devemos considerar o tempo finito necessário para que a luz viaje de diferentes partes da nave até a lente – a lente dos olhos do controlador ou de uma câmera. Se a nave está se aproximando dele, por exemplo, a luz da ogiva tem menos distância a percorrer do que a luz da parte traseira e, por isso, levará menos tempo. Porém, o que vemos na fotografia é composto pela luz que chegou toda ao mesmo tempo. Sendo assim, a luz que compõe a imagem da traseira da nave deve ter sido emitida antes daquela que deverá compor a imagem da ogiva. Então, o que ele vê – e o que está na fotografia que ele tira – não é como a nave se parecia em um determinado instante, mas como diferentes partes da nave se pareciam em momentos distintos. A imagem é distorcida. Acontece que a distorção deixa a impressão de que a nave está virada, em vez de contraída. Somente quando consideramos os diferentes tempos de viagem para a luz que compõe as diferentes partes da imagem é que podemos calcular (observe a palavra "calcular" novamente) que a nave não está de fato virada, mas viajando em linha reta, e que tem seu comprimento contraído.

Perda de simultaneidade

Vimos como a velocidade relativa produz dilatação do tempo e contração do comprimento. Há ainda outra maneira pela qual o tempo é afetado. Recorde o experimento em que um pulso de luz foi disparado em ângulos retos com relação ao sentido do movimento da espaçonave e sua chegada a um alvo posicionado no teto da nave foi cronometrada. Vamos imaginar outro experimento. Desta vez, a astronauta leva duas fontes de luz pulsada. Ambas são posicionadas no ponto central da nave. Uma é direcionada para a frente da nave, e outra, para a traseira. Estão apontadas a alvos colocados a distâncias iguais. As duas fontes emitem um pulso exatamente no mesmo instante (veja a Figura 6a). Quando os pulsos chegam a seus alvos? A resposta é óbvia. Os pulsos percorrem distâncias idênticas. Ambos viajam à velocidade normal da luz, c. Então, chegam a seus destinos simultaneamente (veja a Figura 6b). Essa é a situação conforme vista da perspectiva da astronauta.

Mas o que o controlador da missão conclui quando observa o que está acontecendo à medida que a nave passa por ele? Observe a Figura 7.

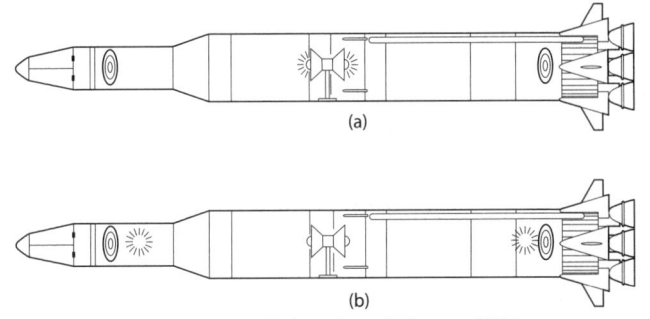

6. Segundo a astronauta, dois pulsos de luz emitidos ao mesmo tempo do centro da espaçonave chegarão simultaneamente às extremidades da espaçonave.

Como a astronauta, ele vê dois pulsos que saem de suas fontes simultaneamente (Figura 7a). A seguir, ele vê o pulso que se direciona à parte traseira atingir o alvo no fundo da nave. E o pulso direcionado para frente? De acordo com o controlador, esse pulso ainda *não* chegou a seu alvo; ele ainda precisa percorrer um determinado caminho (Figura 7b).

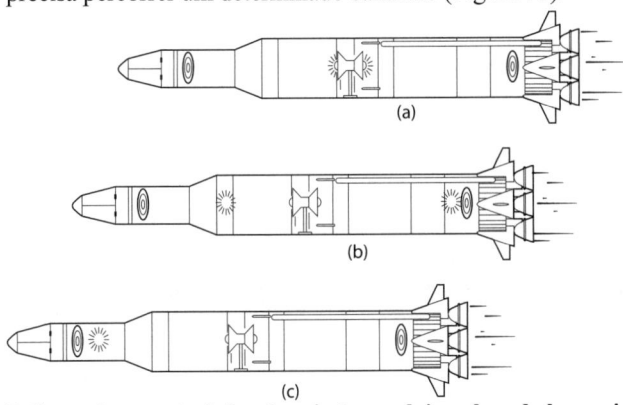

7. Segundo o controlador da missão, os dois pulsos de luz emitidos ao mesmo tempo do centro da espaçonave não chegam simultaneamente às extremidades da espaçonave.

Por que a diferença? Dessa perspectiva, o pulso direcionado para trás tem menos distância a percorrer porque o alvo posicionado no fundo da nave está se movendo para frente e encontra seu pulso. Por outro lado, o pulso direcionado para frente tem que perseguir seu alvo, que tende a se afastar dele. Ambos os pulsos estão viajando à mesma velocidade, c. Logo, o pulso direcionado para a parte traseira chegará a seu destino em um tempo mais curto. O pulso direcionado para frente chega algum tempo depois (Figura 7c).

Assim, descobrimos que, embora os dois observadores estejam de acordo sobre a simultaneidade de eventos que ocorrem no mesmo ponto do espaço (os dois pulsos que saem do ponto central da nave), não concordam sobre a simultaneidade de eventos separados por uma distância – a chegada dos pulsos nas duas extremidades da nave. Para a astronauta, os eventos foram simultâneos; para o controlador, o pulso direcionado para trás chegou primeiro. De fato, pode-se acrescentar que, da perspectiva de um terceiro observador inercial em uma espaçonave ultrapassando a primeira (dessa perspectiva, a primeira nave pareceria estar indo para trás), pareceria que o pulso direcionado para a frente da espaçonave chegaria primeiro – antes daquele direcionado para a traseira –, o que, naturalmente, é o oposto do que o controlador no solo concluiu.

Isso parece criar um problema de importância especial: a ocorrência de dois eventos sobre os quais os observadores discordam quanto a qual aconteceu primeiro. Suponhamos, por exemplo, que tais eventos consistissem de (i) um menino atirando uma pedra e (ii) uma janela quebrando. Não poderia haver uma perspectiva segundo a qual a janela quebra antes que a pedra seja atirada?! Felizmente, essa cenário paradoxal não é possível. A ordem dos dois eventos que poderiam estar causalmente relacionados nunca é ao contrário. Todos os observadores percebem que a causa ocorreu primeiro, independentemente do movimento deles em relação aos eventos. Como você já deve ter ouvido falar (e vamos discutir isso mais adiante), nada pode viajar mais rápido do que a velocidade da luz. Para que o evento A seja a causa do evento B, deve ser possível que um sinal, ou outro tipo de influência, passe entre eles a uma velocidade que não exceda a da luz, c. Se este for o caso, então os observadores, embora discordem quanto ao intervalo de tempo entre os dois eventos, concordarão sobre a ordem em que os eventos ocorreram. Somente quando lidamos com dois eventos isolados que não podem ter influência entre si é que pode haver desacordo em relação à ordem em que ocorrem. Portanto, quando se trata de causalidade, não há paradoxo.

Mas isso ainda parece nos deixar com dúvida sobre quem está certo. Eventos como a chegada dos dois pulsos nos alvos da espaçonave são *realmente* simultâneos ou não? É impossível dizer; essa questão não tem sentido. Ela é tão irrelevante quanto perguntar qual foi o tempo *real* da viagem entre a Terra e o planeta, ou qual era o comprimento *real* da nave. Os conceitos de tempo, espaço e simultaneidade somente têm significado no contexto de um observador específico, cujo movimento em relação ao que está sendo observado tenha sido definido.

Diagramas espaço-tempo

Toda essa conversa sobre perda de simultaneidade e a questão de causalidade talvez possa ficar mais clara com a ajuda de um diagrama como o mostrado na Figura 8. Ele é chamado de *diagrama espaço-tempo*. Idealmente, gostaríamos de poder desenhar uma representação em quatro dimensões dos três eixos de espaço e um de tempo. Porém, é claro que isso é impossível em uma folha de papel plana e bidimensional. Então, suprimimos dois dos eixos espaciais voltando nossa atenção para eventos que ocorrem em apenas uma das direções espaciais: o eixo x'. Ele poderia, por exemplo, ser uma linha unindo as partes frontal e traseira da espaçonave, ao longo da qual passaram os feixes de luz naquele experimento que explorou a simultaneidade. O segundo eixo mostrado na Figura 8 representa o tempo. Na verdade, é costume classificá-lo de ct' em vez de t', pois isso permite que as duas direções no diagrama sejam medidas nas

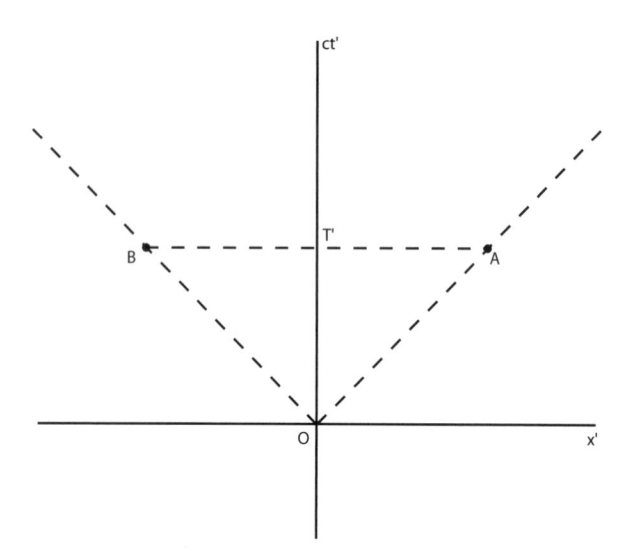

8. Diagrama espaço-tempo mostrando a passagem de dois pulsos de luz do centro da espaçonave, O, às duas extremidades, A e B, segundo a astronauta. Ambos chegam no tempo T'.

mesmas unidades – unidades de distância. Todos os eventos que ocorrem no tempo zero estarão localizados em algum lugar sobre o eixo x'; todos os eventos que ocorrem em $x' = 0$ estarão sobre o eixo ct'.

Em primeiro lugar, vamos considerar a perda de simultaneidade. A coordenada $x' = 0$ representa o ponto central da espaçonave onde as duas fontes de luz foram posicionadas. As duas linhas pontilhadas representam as trajetórias dos dois pulsos de luz, um indo em direção à frente da espaçonave, e o outro, para a traseira. O ponto O representa a emissão dos pulsos em $x' = 0$, $ct' = 0$. Os pontos A e B marcam a chegada dos dois pulsos nas duas extremidades da nave, tendo percorrido distâncias iguais em sentidos opostos. A e B compartilham a mesma coordenada de tempo, T'; em outras palavras, eles ocorrem simultaneamente. Essa é a situação do ponto de vista da astronauta.

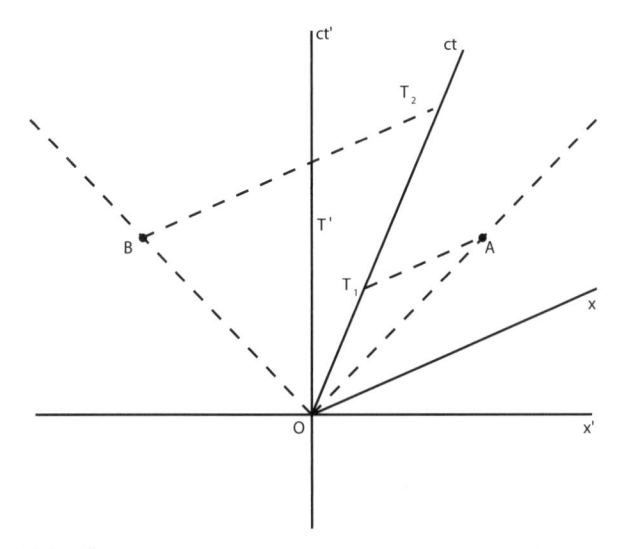

9. Um diagrama espaço-tempo mostrando como os eixos ct **e** x **do controlador da missão estão inclinados em relação aos eixos** ct' **e** x' **da astronauta. Embora o controlador concorde com a astronauta sobre o fato de que os dois pulsos saem do centro da nave simultaneamente, em O, para ele os pulsos chegam às duas extremidades, A e B, em tempos diferentes,** T_1 **e** T_2**.**

Como podemos representar a situação da perspectiva do controlador da missão? Na Figura 9, os eixos classificados de ct e x são os que pertencem ao sistema de coordenadas do controlador. Todos os eventos que ocorrem na posição $x = 0$ (para o controlador) ocorrerão em valores progressivamente diferentes de x' (para a astronauta) porque a origem do sistema de coordenadas do controlador está se movendo em relação à espaçonave.

Assim, o eixo ct estará inclinado em comparação ao eixo ct'. Da mesma forma, o eixo x se inclina comparado ao eixo x'. Em outras palavras, o sistema de coordenadas do controlador é espremido em direção à linha pontilhada da trajetória do pulso de luz. Do ponto de vista do controlador, eventos que ocorrem ao mesmo tempo podem ser representados sobre uma única linha pontilhada que corre paralelamente ao eixo *x*. Com isso, podemos ver de imediato que a coordenada de tempo do ponto A não é a mesma do ponto B; ela é T_1 em um caso e T_2 no outro. Os tempos de chegada dos pulsos não são simultâneos para o controlador – é o mesmo resultado que obtivemos anteriormente de uma maneira um pouco diferente.

E a questão de causalidade? Como ela pode ser esclarecida com o uso de um diagrama espaço-tempo? Conforme mencionado antes, mostraremos, mais adiante, que nada pode viajar mais rápido do que a luz. Sendo assim, em um diagrama espaço-tempo, a trajetória de um objeto em movimento não pode ter um declive mais plano do que a linha pontilhada que representa a trajetória de um pulso de luz. A linha OL na Figura 10 representa um possível caminho de um objeto, como uma bola sendo rolada pelo chão da espaçonave até a extremidade. Da mesma forma, LM é o caminho da bola à medida que ela retorna ao centro da nave, após ricochetear na extremidade. A linha ON, por outro lado, *não* é uma possibilidade para a bola; ela requer uma velocidade maior que a da luz.

Por consequência, qualquer evento, R, que ocorra na Região I poderia ter sido causado por algo ocorrido no ponto O. Isso acontece porque seria fisicamente possível que uma influência passasse entre os dois pontos a uma velocidade que não excedesse a da luz. No caso do ponto L, ele estava de fato conectado a O, sendo que a bola era a influência passando entre eles. Do mesmo modo, um evento em P na Região II poderia ser a causa do que acontece em O. Todos os observadores concordam que P está no passado de O, e que L e R estão no futuro de O.

Mas o que dizer dos eventos, como N, na Região III? Não pode haver uma ligação causal entre O e N porque, como vimos, nenhum sinal nem nenhuma outra coisa poderia viajar entre os dois pontos com uma velocidade rápida o bastante para que um afetasse o outro. Os eventos na Região III é que são ambivalentes quanto a qual ocorre primeiro. Observadores diferentes podem chegar a conclusões distintas

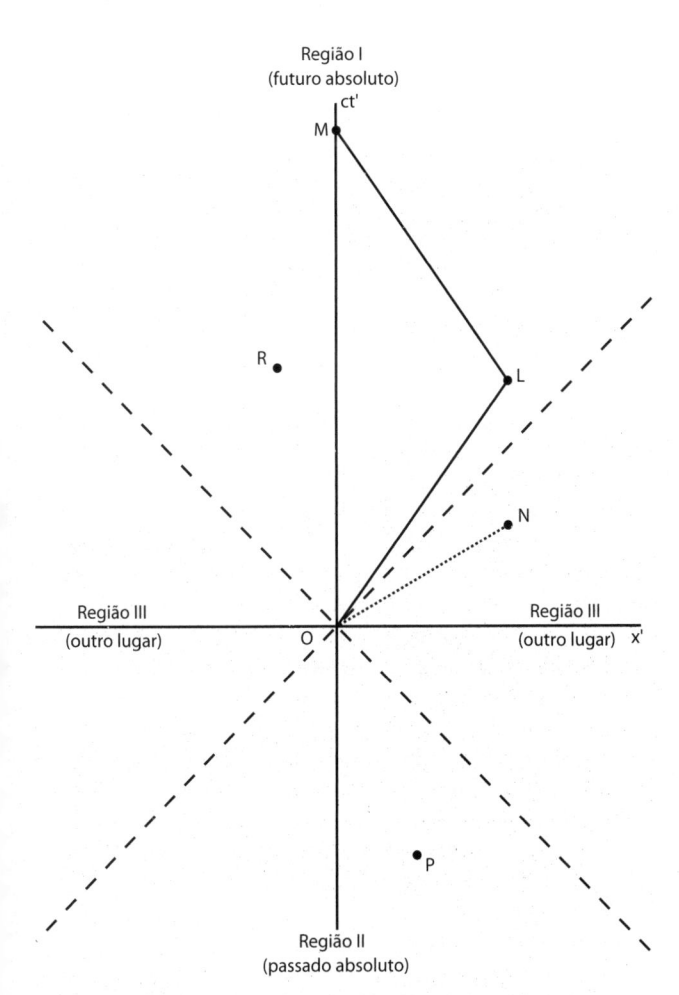

10. Diagrama espaço-tempo ilustrando as três regiões em que os eventos podem ser encontrados – futuro absoluto, passado absoluto e outro lugar – com relação ao evento O.

dependendo de seu estado de movimento em relação aos eventos observados. Porém, isso não traz consequências. A ordem de eventos causalmente relacionados nunca é duvidosa. Todos os observadores concordam que a causa é invariavelmente seguida pelo efeito.

Se você está se perguntando por que existem duas regiões chamadas de Região III, deixe-me lembrá-lo que, nesse diagrama, estamos representando apenas uma das três dimensões espaciais. Se quisermos, podemos imaginar um segundo eixo espacial saindo do plano do papel.

Poderíamos, então, imaginar uma das Regiões III sendo girada para fora do plano do papel, sobre o eixo ct', e sendo sobreposta sobre a outra Região III. Assim, as duas Regiões III são a mesma e única região. De maneira semelhante, poderíamos imaginar a linha pontilhada da trajetória do pulso de luz sendo girada sobre o eixo ct', traçando um cone. De fato, isso é conhecido como *cone de luz*. Diz-se que a Região I, contida no cone de luz, está no *futuro absoluto* do ponto O; a Região II, também contida no cone de luz, está no *passado absoluto* do ponto O. Quanto à Região III, recebe o nome de *outro lugar* (!).

Outro termo comum usado nos diagramas de espaçotempo é a *linha de universo*. Novamente, trata-se de um nome um tanto estranho. Ele refere-se à linha desenhada em um diagrama espaço-tempo para descrever o caminho de um objeto ou pulso de luz. Na Figura 9, por exemplo, as linhas AO e OB são as linhas de universo dos dois pulsos de luz que se propagam do centro da nave para as partes frontal e traseira. Na Figura 10, o caminho OLM representa a linha de universo da bola em movimento. Enquanto você lê este livro, está delineando uma linha de universo. Se estiver em casa, considera-se que está estacionário, mantendo as mesmas coordenadas de posição. Mas o tempo está passando. Portanto, sua linha de universo será paralela a seu eixo de tempo. Se estiver lendo este livro em um trem, então, para alguém observando o trem passar, você está mudando a coordenada de posição e a de tempo. No referencial desse observador, sua linha de universo estará inclinada em relação ao eixo de tempo dele, de forma muito parecida com a da bola em movimento. Conforme o trem desacelera, ele se tornará cada vez mais paralelo ao eixo de tempo.

Espaço-tempo quadridimensional

Toda essa discussão sobre diferentes observadores com percepções distintas sobre espaço e tempo pode causar confusão. Por vezes, escutamos pessoas afirmarem que a teoria da relatividade pode ser resumida na frase "todas as coisas são relativas" – implicando tratar-se de um vale-tudo em que todos podem acreditar no que quiserem!

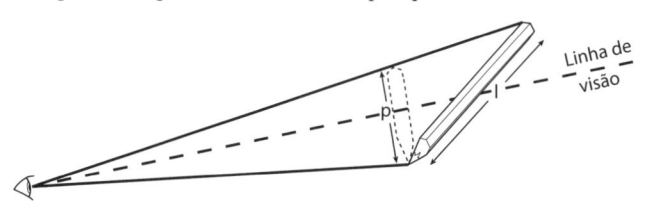

11. Um lápis de comprimento *l* tem comprimento projetado, *p*, em ângulos retos à linha de visão de um observador.

Isso está longe de ser verdadeiro. Observadores podem não atribuir os mesmos valores para intervalos de tempo e distâncias espaciais, mas concordam sobre como seus respectivos valores estão relacionados – pelas fórmulas que derivamos para dilatação do tempo e contração de comprimento. Elas são determinadas com rigor matemático.

Além disso, também há uma mensuração sobre a qual todos os observadores inerciais podem concordar. Deixe-me explicar. Na vida normal, cotidiana, aceitamos sem hesitação que, se alguém segurasse um lápis em uma sala cheia de gente, todos o veriam de forma diferente. Alguns veriam um lápis com aparência curta, outros o veriam mais longo. A aparência do lápis depende do ponto de vista – se está sendo observado de lado ou de frente. Essas percepções distintas nos preocupam? Alguém as acha perturbadoras? Não. Isso acontece porque todos estão familiarizados com a ideia de que o que vemos é meramente uma projeção bidimensional do lápis em ângulos retos à nossa linha de visão (veja a Figura 11). O que se vê pode ser capturado em uma fotografia tirada por uma câmera no mesmo local, e as fotografias são apenas representações bidimensionais de objetos que, na verdade, existem em três dimensões espaciais. Altere a linha de visão e terá um comprimento projetado diferente, p, do comprimento verdadeiro, l, do lápis. Não nos importamos em viver com essas aparências diferentes porque estamos cientes de que, quando se considera a extensão do lápis na terceira dimensão – sobre a linha de visão –, todos os observadores na sala chegam ao mesmo valor para o comprimento real do lápis: o comprimento em três dimensões. Os que estão visualizando o lápis de frente e, por isso, veem um comprimento projetado curto, precisam adicionar uma grande contribuição ao componente de comprimento sobre a linha de visão. Os que o veem de lado com um comprimento projetado longo têm pouco a adicionar ao componente sobre sua linha de visão. De qualquer forma, todos chegam ao mesmo valor para o comprimento verdadeiro em três dimensões.

Usamos isso como uma analogia para explicar nossas percepções diferentes de tempo e espaço. Em 1908, três anos depois que Einstein publicou sua teoria especial da relatividade, um de seus professores, Hermann Minkowski (que uma vez descreveu seu ilustre aluno como "um cão preguiçoso"), abordou o assunto de um ângulo diferente e sugeriu uma reinterpretação. Sua proposta era que a relatividade estava nos dizendo que espaço e tempo são muito mais parecidos do que podemos suspeitar a partir das muitas maneiras distintas em que os percebemos e mensuramos. Na verdade, deveríamos parar de pensar neles como um espaço tridimensional mais um tempo unidimensional separado. Eles deveriam ser vistos como um espaço-tempo quadridimensional, em que espaço e tempo estão indissoluvelmente unidos. A distância tridimensional que medimos (com uma régua, por exemplo) não passa de uma projeção tridimensional da realidade quadridimensional. O tempo unidimensional que medimos (com um relógio) é apenas uma projeção unidimensional da realidade quadridimensional. Essas medições com régua e relógio são só *aparências*; elas são não a coisa real.

As aparências mudarão de acordo com o ponto de vista da pessoa. Enquanto, no caso de um lápis sendo segurado por uma pessoa, uma mudança de ponto de vista significava alterar a posição de alguém na sala em relação ao lápis, no espaço-tempo uma mudança de ponto de vista envolve tanto o espaço quanto o tempo e consiste de uma mudança de velocidade (que é a distância espacial dividida pelo tempo). Observadores em movimento relativo têm pontos de vista diferentes e, portanto, observam projeções distintas da realidade quadridimensional.

O que está sendo proposto aqui é que os diagramas espaço-tempo, como os das Figuras 8 a 10, não devem ser considerados apenas gráficos de distâncias espaciais representadas em relação a intervalos de tempo. No que tange aos gráficos, temos a liberdade de plotar qualquer variável escolhida em relação a qualquer outra. Os diagramas espaço-tempo fazem isso, mas têm um significado adicional: eles representam uma fatia bidimensional obtida através de uma realidade quadridimensional.

Qual é a natureza dessa realidade quadridimensional? Quais são os conteúdos do espaço-tempo? Eles dependerão das três dimensões de espaço e da dimensão única de tempo. Em outras palavras, são *eventos*. Aqui, devemos tomar cuidado. A palavra "evento", no uso normal, pode assumir vários significados. Podemos nos referir à Segunda Guerra Mundial, por exemplo, como um evento importante na história mundial. "Evento", nesse contexto, inclui tudo que constituiu a guerra, abrangendo o período entre 1939 e 1945 em todo lugar que tenha acontecido. Porém, no contexto atual, a palavra assume um significado especializado e bem específico. Eventos são caracterizados por seu acontecimento em determinado ponto do espaço tridimensional e em determinado instante do tempo. Portanto, quatro números localizam com precisão a posição do evento no espaço-tempo. Um evento pode ser a espaçonave saindo da Terra em um determinado tempo. Um segundo evento pode ser a chegada da nave no planeta distante em uma localização diferente no espaço e em um instante de tempo posterior. Enquanto no espaço tridimensional estamos familiarizados com a ideia de que as linhas unem pontos espaciais contíguos, no espaço-tempo as linhas ligam eventos contíguos.

Nossos dois observadores, a astronauta e o controlador da missão, discordam sobre as "aparências", isto é, sobre a diferença de tempo entre os dois eventos e também sobre a diferença no espaço entre os dois eventos. No entanto – e esta é a parte mais essencial –, eles concordam sobre a separação entre esses dois eventos no espaço-tempo quadridimensional – assim como fariam todos os outros observadores, independentemente de suas velocidades. É o fato de que todos os observadores estão de acordo quanto ao que existe em quatro dimensões que fortalece a ideia de que o espaço-tempo é real.

Então, qual é a distância entre eventos no espaço-tempo quadridimensional? Como é bem sabido, em um espaço bidimensional a distância, l, entre dois pontos, A e B, pode ser escrita em termos das projeções x e y, sobre dois eixos em

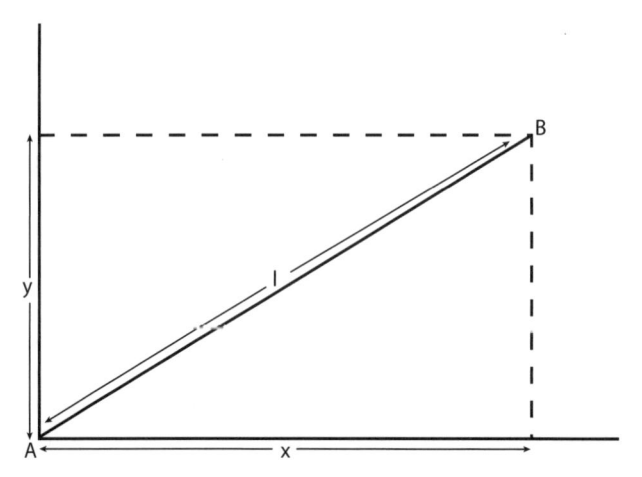

12. Um comprimento, l, pode ser expresso em termos das componentes, x e y, segundo o teorema de Pitágoras.

ângulos retos entre si (Figura 12). Para fazer isso, usamos mais uma vez o teorema de Pitágoras:

$$l^2 = x^2 + y^2$$
$$l = \text{V}\,(x^2 + y^2)$$

Essa expressão pode ser estendida para abranger uma distância no espaço tridimensional adicionando um terceiro termo relacionado ao terceiro eixo, z, em ângulos retos em relação aos outros dois:

$$l = \text{V}\,(x^2 + y^2 + z^2)$$

A "distância" ou "intervalo", S, entre dois eventos no espaço-tempo quadridimensional pode ser representada pela inclusão de um quarto termo referente ao quarto eixo de tempo, t. Para acertar as unidades (distância medida em metros e tempo em segundos), o quarto componente precisa ser representado por ct, de forma que ele também possa ser medido em metros. Uma segunda complicação é que, para que a expressão para S seja a mesma para todos os observadores, ela precisa ser definida de forma que os componentes de tempo e de espaço apareçam com sinais diferentes:

$$S = \text{V}\,(c^2t^2 - x^2 - y^2 - z^2) \qquad (3)$$

Essa é a expressão em que todos os observadores concordam sobre a distância entre dois eventos no espaço-tempo quadridimensional.

Se o primeiro termo do lado direito da equação 3 – o que depende do tempo – for dominante, então dizemos que o intervalo é *tipo-tempo*. S^2 é positivo e estamos falando de uma situação em que o último dos dois eventos está no futuro absoluto do primeiro evento (veja a Figura 10) e, portanto, pode haver uma conexão causal. Se, por outro lado, os termos espaciais resultarem em mais do que o primeiro termo, dizemos que o intervalo é *tipo-espaço*. S^2 é negativo, e o evento posterior (se, de fato, ele for o último dos dois) está na região chamada de "outro lugar" na Figura 10. Separando as regiões tipo-tempo e tipo-espaço, temos o cone de luz. Nesse cone, S^2 para qualquer par de eventos é zero.

A ideia de a realidade ser quadridimensional é estranha e contrária à intuição. O próprio Einstein, a princípio, teve dificuldade em aceitar a sugestão de Minkowski – embora mais tarde ele tenha se convencido e declarado que "daqui em diante teremos que lidar com uma existência quadridimensional, em vez de, como até agora, com a evolução de uma existência tridimensional". Não que isso implique que o tempo foi reduzido a ser meramente uma quarta dimensão espacial. Embora esteja realmente unido às outras três dimensões para formar um contínuo quadridimensional, ele ainda retém uma certa distinção. O cone de luz circunda o eixo de tempo, não os outros. O futuro absoluto e o passado absoluto são definidos unicamente em relação ao eixo de tempo.

A aceitação de uma realidade quadridimensional é difícil porque não é algo que se presta à fácil visualização – na verdade, formar uma imagem mental dos quatro eixos simultaneamente em ângulos retos entre si é impossível. Não, devemos dispensar as imagens mentais e simplesmente deixar que a matemática nos guie.

Uma das características desconcertantes do espaço-tempo quadridimensional é que nada muda. As mudanças ocorrem no tempo. Mas o espaço-tempo não está no tempo; o tempo está no espaço-tempo (como um de seus eixos). Ele parece estar dizendo que todo o tempo – passado, presente e futuro – existe em pé de igualdade. Em outras palavras, eventos que normalmente pensamos não existir mais porque estão no passado existem, sim, no espaço-tempo. Da mesma forma, eventos futuros, que geralmente acreditamos ainda não existir, existem de fato no espaço-tempo. Não há nada nessa imagem para selecionar com base no momento presente, chamado de "agora", como sendo algo especial – separando o passado do futuro.

Também somos apresentados a um mundo em que não apenas é verdade que todo o espaço existe em cada ponto no tempo, mas também que todo o tempo existe em cada ponto no espaço. Em outras palavras, onde quer que você esteja sentado agora lendo este livro, além de o instante presente existir, também existem o momento em que você começou a ler e o momento em que, mais tarde, resolveu dar uma parada (talvez porque isso tudo esteja lhe dando dor de cabeça), se levantar e fazer um chá.

Estamos lidando com uma existência estranhamente estática, que às vezes é chamada de "universo bloco". Provavelmente não exista, na física moderna, uma ideia mais controversa do que a do universo bloco. É mais do que natural achar que existe algo especialmente "real" no instante presente, que o futuro é incerto, que o passado está acabado e que o tempo "flui". Tudo isso conspira contra a aceitação da ideia de que o passado ainda existe e de que o futuro também existe e está apenas esperando que o encontremos. Alguns físicos renomados, embora aceitem que todos os observadores concordem, de fato, com o valor da quantidade matemática que estamos chamando de "distância ou intervalo entre dois eventos no espaço-tempo quadridimensional", negam que devemos dar um passo adicional e concluir que o espaço-tempo é a verdadeira natureza da realidade física. Eles afirmam que o espaço-tempo não passa de uma estrutura matemática, e isso é tudo. Estão determinados a manter a ideia, aparentemente de senso comum, de que o passado não existe mais, o futuro ainda está por vir e tudo o que existe é o presente. Suspeito que você esteja inclinado a concordar com eles. Porém, antes de oferecer seu apoio, vale a pena considerar em maior profundidade qual seria sua alternativa ao universo bloco.

Está tudo bem em afirmar que tudo o que existe é o que está acontecendo no momento presente, mas o que exatamente você quer dizer com isso? Presumivelmente, significa "eu, lendo este livro neste determinado local". Até aí, tudo bem. Mas imagino que você também incluiria o que está acontecendo em outros lugares (literalmente, *em outros lugares*) no momento presente. Por exemplo, pode haver um homem em Nova York subindo uma escada. No instante presente, ele está com o pé no primeiro degrau. Então, você o adicionaria, com seu pé naquele degrau, à sua lista de entidades existentes. Mas agora suponha que exista um astronauta sobrevoando o espaço bem acima de você. Devido à perda de simultaneidade de eventos separados, ele discordará de você quanto ao que está acontecendo simultaneamente em Nova York enquanto você lê este livro. No que tange a ele, o homem em Nova York, no instante presente, está com o pé no segundo degrau, e não no primeiro. Além disso, um segundo astronauta em uma espaçonave que viaja no sentido oposto à primeira chega a uma terceira conclusão, a saber, que no instante presente o homem em Nova York nem chegou à escada ainda. Você compreende o problema. Está tudo bem dizer que "tudo que existe é o que está acontecendo no momento presente", mas ninguém consegue concordar quanto ao que está acontecendo no momento presente. O que existe em Nova York? Um homem com o pé no primeiro degrau, um homem com o pé no segundo degrau ou um que ainda nem chegou à escada? Considerando a ideia de universo bloco, não há problema: as três alternativas existem. O argumento é meramente sobre qual desses três eventos em Nova York se escolhe classificar como tendo a mesma coordenada de tempo daquela onde você está. Movimento relativo significa que alguém simplesmente tira fatias diferentes do espaçotempo quadridimensional para representar os eventos considerando a mesma coordenada de tempo: "agora".

No entanto, é claro que a ideia de universo bloco também tem seus problemas. De onde vem a natureza especial percebida do momento "agora", e onde obtemos esse senso dinâmico do fluxo de tempo? Esse é um grande mistério sem solução e pode permanecer assim para sempre. Ele não parece surgir da física – certamente não da ideia de universo bloco –, mas do contrário, de nossa *percepção consciente* do mundo físico. Por algum motivo desconhecido, a consciência parece agir como um holofote explorando de forma progressiva o eixo do tempo, momentaneamente sinalizando um instante de tempo físico como sendo aquele momento especial que chamamos de "agora" – antes de o feixe se mover para selecionar o próximo instante a ser classificado dessa forma.

Mas agora estamos nos aventurando nos domínios da especulação. Voltemos à relatividade...

A velocidade definitiva

Vimos que quanto mais rápido alguém viaja, mais o tempo desacelera. Ao atingir a velocidade da luz, o tempo para. Isso parece suscitar a questão quanto ao que aconteceria se alguém acelerasse ainda mais até viajar mais rápido do que a velocidade da luz. O que isso faria com o tempo? Voltaríamos no tempo? Espera-se que não. Uma eventualidade dessas poderia causar todo o tipo de confusão. Suponha, por exemplo, que alguém voltasse no tempo e acidentalmente atropelasse a própria avó – e isso antes que ela tivesse tido a chance de dar sua mãe à luz. Sem ter mãe, como você conseguiu chegar lá, para começo de conversa?! Felizmente, isso não pode acontecer. Conforme mencionado antes, nada pode viajar mais rápido do que a luz. Como isso ocorre?

Segundo a mecânica newtoniana, um objeto de massa m e velocidade v tem momentum, p, definido pela expressão:

$$p = mv$$

Para fazer o objeto ir mais rápido, é preciso exercer uma força sobre ele. De acordo com a segunda lei de Newton de movimento, a força, F, é igual à taxa de mudança do momentum do objeto. Uma vez que m é uma constante, é o mesmo que dizer que a força é igual a m vezes a taxa de mudança da velocidade, que é a aceleração, a. Logo,

$$F = ma$$

A partir dessa equação, podemos concluir que, se alguém aplicar tempo e esforço suficientes, a aceleração continuará indefinidamente, e não haverá limite para a velocidade que pode ser atingida.

Mas não é assim que acontece na relatividade. Assim como tivemos que modificar nossas noções de tempo e comprimento, a teoria da relatividade exige a redefinição do conceito de momentum. Assim sendo, demonstra-se que a expressão relativista para o momentum é:

$$p = mv/ \sqrt{(1 - v^2/c^2)} \qquad (4)$$

Talvez não seja uma surpresa que exatamente o mesmo fator que apareceu nas expressões para dilatação do tempo e contração de comprimento, a saber, $\sqrt{(1 - v^2/c^2)}$, tenha surgido mais uma vez. (A matemática usada para derivar essa fórmula, embora seja bem direta, é extensa e tediosa para incluir aqui.)

Então, como isso afeta a segunda lei de Newton? A ideia de força como sendo a taxa de mudança do momentum é mantida, mas com a nova expressão para momentum. Isso, por sua vez, significa que a formulação específica da lei, $F = ma$, não se aplica mais. Enquanto anteriormente usávamos apenas a taxa de mudança de v (isto é, a), agora temos que considerar a taxa de mudança de $v/\sqrt{(1 - v^2/c^2)}$. Se v for pequena, então temos a situação newtoniana clássica. Porém, se v for próxima a c, então v^2/c^2 se aproxima de 1, a expressão sob o sinal de raiz quadrada se aproxima de zero e o momentum se torna infinitamente grande. Desta forma, uma força constante, enquanto continua a aumentar o momentum de um objeto a uma taxa constante, agora está produzindo quase nenhum aumento na velocidade do objeto. A velocidade da luz torna-se o caso limitador. Por conseguinte, nada pode ser acelerado a uma velocidade igual à da luz.

Isso, por sua vez, significa que nunca se consegue alcançar um feixe de luz. Se uma espaçonave tiver faróis, então não importa quanto o astronauta tente alcançar a luz emitida: o feixe sempre estará se movendo à frente da nave. De fato, o primeiro germe de uma ideia sobre a teoria da relatividade surgiu quando Einstein contemplava como seria alcançar um feixe de luz. Ele imaginava uma situação na qual se acelerava até uma velocidade em que se viajava ao lado de um feixe de luz, que, desse ponto de vista, presumivelmente pareceria estar estacionário (da mesma forma que dois veículos viajando lado a lado na estrada com a mesma velocidade parecem estacionários entre si). Mas Einstein sabia, baseado nas leis de Maxwell do eletromagnetismo, que a luz, sendo uma forma de radiação eletromagnética, *tinha* que ser vista como viajando à velocidade c; ela não poderia parecer estacionária. Propagar-se com velocidade c é parte inseparável do que a luz *é*. Portanto, além de o controlador da missão ver o feixe de luz emitido da nave viajando com velocidade c em relação a ele, a astronauta também verá o feixe distanciando-se dela com a mesma velocidade, c. E isso apesar do fato de que, segundo o controlador, a velocidade do feixe relativa à nave – obtida da forma normal, subtraindo-se uma da outra – é muito menor. Desta forma, Einstein concluiu que deveria haver algo de muito errado na maneira com que normalmente tratávamos da adição e subtração de velocidades. Uma vez que a velocidade não é nada mais que a distância espacial dividida pelo tempo, segue-se imediatamente que, se estivermos equivocados quanto a velocidades, então também devemos estar enganados em relação a conceitos subjacentes de espaço e tempo. E já vimos onde essa compreensão acabou nos levando: dilatação do tempo, contração de comprimento e perda de simultaneidade de eventos separados.

O fato de que não podemos acelerar a velocidade, c, descarta qualquer possibilidade de viajar mais rápido do que a luz? Estritamente falando, não. Tudo o que estamos dizendo é que é impossível usar o tipo de matéria com a qual estamos familiarizados e acelerá-la até velocidades superlumínicas. Porém, isso não descarta a possibilidade um tanto fantasiosa de haver um segundo tipo de matéria, criada a velocidades que excedem a da luz, que pode viajar apenas a velocidades entre c e o infinito. Essas partículas hipotéticas receberam o nome de *táquions*. Alguns anos atrás, elas eram objeto de muita especulação. Percebeu-se, por exemplo, que observadores feitos de matéria táquion considerariam o limite de velocidade no mundo dos táquions como sendo menor que c, e que era o nosso tipo de matéria que teria velocidades na amplitude de c ao infinito. Mas deixemos disso; não há absolutamente nenhuma evidência dos táquions; eles não passam de especulação infundada.

$$E = mc^2$$

Como devemos interpretar a expressão relativista do momentum (equação 4)? Alguns físicos preferem pensar que não há nada a interpretar; é só substituir o v na formulação newtoniana pela mais complicada $v/\sqrt{(1 - v^2/c^2)}$, mantendo o conceito de uma massa imutável, m. Essa é provavelmente a principal posição adotada por físicos. No entanto, ainda resta muito para sugerir uma maneira alternativa de analisar as coisas. Segundo esse outro ponto de vista, o novo fator

$$1/\sqrt{(1 - v^2/c^2)}$$

deve ser considerado como pertencente à massa. Em outras palavras, a massa aumenta proporcionalmente à velocidade, v, devido a essa razão. Uma ideia dessas exige uma distinção entre a massa do objeto quando em repouso (chamada *massa de repouso*) e sua massa em movimento.

Por consequência, o m na fórmula deve ser substituído pelo símbolo m_0, referente à massa do objeto quando ele está em repouso, isto é, com $v = 0$. Logo,

$$p = m_0 v / \sqrt{(1 - v^2/c^2)}$$

ou

$$p = mv$$

onde

$$m = m_0 / \sqrt{(1 - v^2/c^2)} \quad (5)$$

m agora denotando a massa do objeto com velocidade v.

A que devemos atribuir esse aumento de massa? À medida que o objeto aumenta sua velocidade, também aumenta sua energia; ele adquire energia cinética – a energia do movimento. Presume-se que a energia possua massa.

O objeto não pode adquirir a energia extra sem, ao mesmo tempo, adquirir a massa extra que vem com a energia cinética. Por que há um limite de velocidade? Porque a massa, m, do objeto acaba por se aproximar do infinito conforme v se aproxima de c, e fica impossível para uma força, não importa que magnitude tenha nem por quanto tempo opere, acelerar significativamente um objeto de massa infinita.

Chegamos a essa conclusão considerando que há um limite de velocidade com base em raciocínio teórico. Mas será que isso se confirma na prática? Para responder, voltamos mais uma vez ao laboratório de física de alta energia no CERN, arredores de Genebra, Suíça, ou a qualquer um dos diversos laboratórios desse tipo nos EUA e na Europa. Lá, existem máquinas chamadas de *aceleradores de partículas* (popularmente, embora algo equivocado, conhecidas como "desintegradores de átomos"). Sua função é usar forças elétricas potentes para acelerar partículas subatômicas minúsculas – prótons ou elétrons – a altas velocidades. Em alguns aceleradores, as partículas são guiadas por eletroímãs em torno de um caminho circular – de forma semelhante a um atleta olímpico de arremesso de martelo girando o martelo repetidamente em torno da cabeça cada vez mais rápido. Como era de se esperar, descobriu-se que existe um limite de velocidade – a velocidade da luz. À medida que as partículas continuam a ser aceleradas, sua velocidade chega cada vez mais perto da velocidade da luz, mas nunca a atinge – isso apesar do momentum continuar a aumentar até o ponto em que não é mais possível para o campo magnético manter as partículas no curso. Esse, então, se torna o limite de energia daquela determinada máquina. Para atingir energias ainda maiores, é preciso construir uma máquina maior – para acomodar ímãs adicionais. O maior até o presente, localizado no CERN, tem circunferência de 27 quilômetros.

Interpretando esse resultado como sendo consequência do aumento da massa das partículas, qual é a extensão desse acréscimo? Em um acelerador em Stanford, Califórnia, é possível acelerar as mais leves partículas subatômicas – os elétrons – por um tubo reto com três quilômetros de comprimento. Quando as partículas emergem na outra extremidade, elas têm uma massa 40 mil vezes maior do que quando iniciaram sua jornada. Tendo adquirido tal massa, o que acontece com ela posteriormente? Conforme os elétrons, com o tempo, atingem o estado de repouso, perdem a energia que possuíam e, no processo, a massa associada a essa energia; eles retornam à sua massa de repouso normal.

Nesse ponto, surge uma questão interessante. Vimos como a energia – energia do movimento – está associada à massa. Mas e a massa de repouso, m_0, que a partícula possui quando está estacionária e não tem energia cinética? Se for o caso de não poder haver energia sem a massa que a acompanha, isso também não sugere que não pode haver massa sem existir energia? Se sim, que tipo de energia está associada à massa de repouso? A resposta é que se trata de uma forma encerrada de energia. É a energia que, sob certas circunstâncias, pode ser parcialmente liberada e é a fonte do poder das bombas nucleares e do Sol.

Examinando isso com mais detalhes, observamos que, assim como há uma expressão relativista para o momentum de um objeto, também existe uma para a energia total, E, de um objeto. É a equação mais famosa de Einstein:

$$E = mc^2 \tag{6}$$

ou

$$E = m_0 c^2 / \sqrt{(1 - v^2/c^2)} \tag{7}$$

A expressão pode ser escrita como

$$E = m_0 c^2 (1 - v^2/c^2)^{-1/2}$$

Que, como você deve saber, pode, por sua vez, ser aproximada por

$$E \approx m_0 c^2 (1 + \tfrac{1}{2} v^2/c^2 + ...)$$
$$E \approx m_0 c^2 + \tfrac{1}{2} m_0 v^2 + ...$$

O primeiro termo do lado direito representa a energia presa na massa de repouso. Os termos restantes representam a energia adicional adquirida pelo movimento da partícula. O primeiro deles será identificado como a conhecida expressão newtoniana para energia cinética, sendo uma boa aproximação à energia cinética relativista para valores de v pequenos comparados a c. Então, o que estamos dizendo é que a energia total do objeto é a soma da energia presa na massa de repouso do objeto mais a energia cinética.

Na verdade, a equação $E = mc^2$ está nos dizendo que uma massa, m, está sempre associada a uma energia, E, e vice-versa: uma energia, E, está sempre associada a uma massa relacionada, m. (O fator c^2 está lá para acertar as unidades de massa e energia; não se pode ter, digamos, E quilowatts = m quilogramas!) Assim, podemos afirmar que um prato que foi aquecido no forno estará mais pesado do que quando estava frio. Isso acontece porque, estando quente, ele agora tem mais energia e, portanto, adquire a massa adicional que acompanha essa energia. Não que essa diferença seja perceptível. (Por isso, se você deixar cair o prato ao retirá-lo do forno, o motivo terá mais relação com a necessidade de usar luvas do que com o aumento do peso.)

Porém, ao lidar com forças poderosas como as que unem núcleos atômicos, a história é completamente diferente. Nos processos nucleares, as diferenças de massa tornam-se significativas. Como você certamente sabe, os átomos consistem de um núcleo central pesado cercado de elétrons muito leves. Os 92 elementos que compõem toda a matéria que encontramos na natureza diferem entre si quanto ao número de elétrons (variando de 1 a 92) e também em relação ao tamanho de seus núcleos. Constatou-se que os núcleos leves, em colisão entre si, por vezes se fundem para formar um núcleo mais pesado. Como acontece com todos os sistemas ligados, depois que o núcleo composto se forma é preciso energia para separar os componentes novamente. Disso, concluímos que os dois núcleos menores devem ter tido mais energia entre si inicialmente do que quando foram posteriormente combinados dentro do núcleo maior. O ato de combinar, portanto, deve ter exigido a liberação da diferença de energia em forma de energia térmica e/ou energia da luz. Esse é o processo pelo qual o Sol obtém sua energia: a *fusão nuclear* (a fusão de núcleos leves para formar núcleos maiores).

O núcleo maior, possuindo menos energia do que seus componentes separados, também deve ter menos massa do que as partículas separadas. Parte da energia originalmente presa na forma de energia de massa de repouso agora foi transformada em outras manifestações de energia, que, de modo subsequente, é irradiada para o espaço. Desta forma, o Sol converte 600 milhões de toneladas de hidrogênio em 596 milhões de toneladas de hélio com a perda de 4 milhões de massa de repouso a cada segundo.

E a *fusão nuclear*? É o processo que forneceu energia para as primeiras bombas nucleares jogadas em Hiroshima e Nagasaki, além de ser a fonte de energia para as usinas nucleares modernas. Ela depende do fato de que núcleos muito grandes, como o urânio, tendem a ser instáveis. Seus nêutrons e prótons podem ser compactados de forma mais firme e eficiente se o núcleo grande se separar para formar núcleos menores e outros produtos de fissão, como nêutrons, elétrons e pulsos de luz. Um processo típico envolve o isótopo do urânio, ^{235}U, absorvendo um nêutron para se tornar ^{236}U, que depois se divide para formar ^{92}Kr (criptônio) e ^{141}Ba (bário), junto com três nêutrons e uma liberação de energia – a energia de fissão nuclear. Os nêutrons assim liberados podem posteriormente continuar a ser absorvidos por outros núcleos de ^{235}U, que também se dividem. Assim, cria-se uma reação em cadeia. Se a série de reações ocorre rapidamente, há uma explosão (a bomba nuclear); por outro lado, se ativada de maneira controlada, é possível obter uma liberação constante de energia que pode ser utilizada para propósitos pacíficos (usinas nucleares).

Há mais energia a ser obtida da fusão nuclear do hidrogênio do que da fissão de núcleos mais pesados. Por esse motivo, as bombas de hidrogênio são mais devastadoras do que as primeiras bombas de fissão. Desde a invenção da bomba de hidrogênio, foram feitas tentativas de aplicar a energia da fusão nuclear com objetivos pacíficos. Um dos atrativos é que o combustível para esses processos estaria prontamente disponível na forma de deutério, um isótopo do hidrogênio encontrado na água marinha. Um galão de água marinha contém energia equivalente a trezentos galões de petróleo. Uma vantagem posterior da fusão sobre a fissão é que ela não resultaria em lixo radioativo nocivo, que precisaria ser armazenado em segurança por enormes períodos de tempo. Infelizmente, o aproveitamento dessa energia tem se mostrado muito difícil. Os materiais de fusão precisam estar a uma temperatura extremamente alta, 100 milhões de graus Celsius – tão quente que derreteria qualquer recipiente com o qual viesse a ter contato. Portanto, o material deve ser confinado por campos magnéticos que o separam das paredes do recipiente. É difícil sustentar essa condição. As tentativas prosseguem e, sem dúvida, um dia terão êxito. Mas a geração de energia em escala comercial ainda parece estar bem distante. Segunda as estimativas atuais, só será possível depois do ano 2040.

Vimos como a energia de massa de repouso pode ser convertida em outras formas de energia. O processo funciona ao contrário? A energia cinética, por exemplo, pode ser usada para criar massa de repouso? Sim, pode. Esse é um dos principais objetivos dos aceleradores de partículas, sobre os quais falávamos há pouco. As partículas são aceleradas a altas energias e, a seguir, forçadas a colidir com alvos ou com um feixe de partículas se propagando no sentido oposto. O resultado é que as colisões geralmente produzem novas partículas – partículas que não estavam lá inicialmente. O antigo enunciado que diz que "a matéria não pode ser criada nem destruída" claramente não se sustenta. Veja bem, não se trata de obter algo do nada. Adicionando as energias cinéticas de todas as partículas finais e comparando o resultado com a energia originalmente possuída pelo projétil, constata-se que parte dela está faltando. Esse déficit é explicado pela quantidade da nova massa de repouso que foi criada.

Que tipos de partículas podem ser criadas? Em primeiro lugar, não se pode criar matéria nova em qualquer quantidade desejada. Há certas massas fixas possíveis. Logo, pode-se produzir uma partícula com massa 264 vezes maior do que a do elétron, mas não 263 ou 265 vezes maior que a massa do elétron. Esse é o píon neutro com o qual nos deparamos anteriormente ao discutir a velocidade da luz emitida por uma fonte em movimento. Como mencionamos aqui, essa partícula é instável e desintegra-se em dois pulsos de luz. Assim, em um curto espaço de tempo, a energia cinética do projétil que foi convertida na massa de repouso do píon reconverte-se em energia na forma de luz. O múon, sobre o qual falamos no teste de dilatação do tempo, é outra das novas partículas que surgem de experimentos com alta energia. Ele tem massa 207 vezes maior que a do elétron e resulta da desintegração de um píon carregado. O múon, por sua vez, desintegra-se em partículas mais leves, mais uma vez com a liberação de energia.

Algumas das partículas recém-criadas têm propriedades ausentes na matéria comum que compõe nosso mundo – propriedades com nomes exóticos, como *estranheza* e *encanto*. Esse é o domínio da física de alta energia ou, como é por vezes chamada, física de partículas elementares. É um mundo onde quase tudo está se movendo com velocidades próximas à da luz, e onde a relatividade especial reina suprema. É um mundo onde os físicos veem a relatividade como nada mais que um fenômeno rotineiro, do cotidiano – apenas mera trivialidade.

Isso conclui nosso estudo de relatividade especial. Consultando o Prefácio, você verá como já desmistificamos cinco das ideias de senso comum com as quais iniciamos. E as outras?

Parte 2

Relatividade geral

O princípio de equivalência

Até aqui, consideramos apenas casos em que o movimento era contínuo; o observador estava em um referencial inercial. Também não consideramos a gravidade. Agora vamos ampliar nosso escopo para incluir os efeitos do movimento acelerado e da gravidade sobre o tempo e o espaço. Nesse contexto mais amplo, veremos que o que foi considerado até agora – a teoria especial da relatividade – é somente um caso especial da teoria mais geral.

Começamos com a simples observação de que, em um campo gravitacional, como o da superfície terrestre, todos os objetos, quando soltos da mesma altura acima do solo, aceleram em direção ao chão com a mesma velocidade. Na verdade, isso não é tão óbvio. Na prática, temos que enfrentar a resistência do ar, que tende a desacelerar alguns objetos em queda mais do que outros. Enquanto um martelo cai rapidamente, uma pena lançada ao mesmo tempo flutuará sem pressa. Porém, quando os efeitos da resistência do ar são excluídos – como quando os astronautas na missão Apolo 15 realizaram esse experimento na lua –, a pena e o martelo chegam ao solo no mesmo instante.

Não há nada de novo nessa informação; Galileu já sabia disso antes dos astronautas. Embora sua história de jogar objetos da torre inclinada de Pisa seja provavelmente apócrifa, ele estabeleceu a *universalidade da queda livre*. Obteve isso por meio de experimentos em que objetos eram rolados sobre planos inclinados. (Talvez seja importante destacar que, embora os paraquedistas, antes de ativar seus paraquedas, afirmem estar em "queda livre", na verdade não estão. Eles estão sujeitos à resistência do ar.) Um enunciado do princípio da universalidade da queda livre seria algo assim:

Se um objeto for colocado em um determinado ponto no espaço e considerando-se uma velocidade inicial, seu movimento subsequente é independente de sua estrutura interna ou composição, uma vez que está sujeito apenas a forças gravitacionais.

Então, como devemos interpretar isso? Se a aceleração em razão da gravidade é g, então a força gravitacional, F, de um objeto é dada por

$$F = m_G g$$

onde m_G é uma propriedade do corpo chamada de *massa gravitacional*.

Porém, na aproximação newtoniana, já vimos que a força também é dada pela expressão

$$F = m_I a$$

onde a é a aceleração e m_I é a *massa inercial* do objeto – uma medida da inércia do objeto quando se trata de responder a forças. A eliminação de F dessas duas equações nos dá

$$m_G g = m_I a$$

A universalidade da queda livre diz que a aceleração, a, do martelo e da pena é idêntica. Portanto, podemos falar sobre a aceleração devido à gravidade e denotá-la por g. Logo, a é idêntico a g, o que significa que

$$m_G = m_I$$

e podemos falar *da* massa do objeto, antes – e mais usualmente – denotada por m. Foram feitos testes experimentais da igualdade dos dois tipos de massa com uma precisão de uma parte em 1 bilhão, isto é, um em 10^{12}.

Conforme dito anteriormente, esse fato já é bem conhecido há muito tempo. A genialidade de Einstein foi que, mais uma vez, ele percebeu que algo de estranho estava acontecendo, algo que fora negligenciado por outros. Com a relatividade especial, ele observara que havia algo de estranho em tentar reconciliar o bem conhecido princípio da relatividade com o igualmente conhecido fato de que a velocidade da luz, derivada das leis de Maxwell do eletromagnetismo, era uma constante. O próprio Einstein ficou intrigado com o fato de que esses dois tipos aparentemente distintos de "massa" tinham o mesmo valor. De fato, ele estava perguntando como a atração gravitacional "sabia" com que força devia puxar dois objetos bem diferentes para fazê-los acelerar exatamente com a mesma velocidade. De qualquer forma, *por que* a gravidade os aceleraria na mesma velocidade? Qual seria o objetivo disso? Dessa forma, ele chegou à conclusão de que deveria haver alguma conexão muito próxima e sutil entre gravidade, por um lado, e aceleração, de outro.

Para ver qual poderia ser essa relação, vamos imaginar a queda do martelo e da pena em um elevador – sendo que o elevador é um referencial inercial que pode ser facilmente acelerado no sentido vertical. Suponha que, no momento em que os objetos são soltos, o cabo do elevador seja cortado, de forma que o próprio elevador caia. O elevador aceleraria exatamente da mesma forma que os dois objetos soltos. Todos caem juntos, o que significa que suas posições relativas não se alteram. Para um observador no elevador, ao soltar a pena e o martelo, eles permaneceriam onde estavam em relação a ele. Não chegariam à base do elevador. Em outras palavras, pareceria, para o observador, que a gravidade fora desligada. Os conteúdos do elevador estariam "sem peso". (Estamos presumindo que ele sabe que um freio de emergência acabará sendo acionado, e é por isso que pode se concentrar em problemas de física mais esotéricos, em vez de na sua própria segurança.)

A ideia de ausência de peso é encontrada com maior frequência no contexto de astronautas navegando no espaço exterior. Acredita-se que não tenham peso porque estão tão avançados no espaço que foram além da atração da gravidade exercida pela Terra e pelo Sol. Essa é uma ideia equivocada. A ausência de peso não pode ser sentida enquanto a espaçonave da astronauta está orbitando a Terra. O fato de que a nave viaja em torno de uma órbita, em vez de ir para o espaço em uma linha reta, imediatamente nos diz que a nave – e a astronauta dentro dela – está sendo atraída pela força da gravidade exercida pela Terra. Não, a condição de ausência de peso surge porque a nave está em um estado de queda livre sob influência da gravidade terrestre – assim como o observador no elevador em queda. O motivo pelo qual a nave não se estraçalha na superfície terrestre é que toda a atração gravitacional da Terra está sendo usada unicamente para converter o movimento normal retilíneo no movimento orbital que observamos; não sobra nada, por assim dizer, para atrair a astronauta de volta à superfície terrestre. Assim, parece que a astronauta "flutua sem peso" em torno da órbita.

Da mesma forma, pode-se criar uma "força de gravidade" artificial pela aceleração sutil. Suponha, por exemplo, que a astronauta resolva tirar uma soneca com a espaçonave navegando e sem precisar de atenção. Enquanto ela está dormindo, os motores de foguete são ativados. Ao acordar, ela sente uma atração em direção à parte traseira da nave; qualquer objeto solto parece estar se deslocando para a traseira. O que ela concluiria? Ela pode ouvir o ronco dos motores de foguete, então saberia que uma possibilidade é que a nave esteja acelerando. Mas há uma alternativa. E se, enquanto a astronauta estava adormecida, a nave tivesse entrado nos arredores de algum planeta que agora estava posicionado na parte traseira da nave, e os foguetes estivessem acionados só para manter a posição da nave em relação ao planeta? Se esse fosse o caso, a nave não estaria acelerando – estaria estacionária – e o comportamento observado na cabine seria todo consequência da força gravitacional do planeta. Seria impossível para a astronauta distinguir entre as duas alternativas: (i) uma aceleração contínua no espaço exterior; ou (ii) estar estacionária sob a força gravitacional exercida por um planeta próximo. Esse problema surge por causa do *princípio de equivalência fraco*, segundo o qual não é possível distinguir movimento sob gravidade e aceleração – são equivalentes.

Assim, o princípio de equivalência fraco é basicamente uma reformulação da universalidade da queda livre.

Por que "fraco"? Porque há outra versão, que é chamada de *princípio de equivalência forte*. Este vai um pouco mais além e afirma que *todo* o comportamento físico (não apenas o movimento) é o mesmo sob gravidade e aceleração.

É preciso acrescentar uma advertência. Estritamente falando, é possível encontrar a diferença entre aceleração e gravidade. Dê uma olhada na Figura 13a. O homem no elevador está segurando dois objetos com os braços estendidos para o lado. A força da gravidade está direcionada para o centro da Terra. Devido a suas posições distintas em relação ao centro da Terra, a força no martelo está em uma direção um pouco diferente da direção da pena – as duas direções se encontram no centro da Terra. Por contraste, se o observador estivesse no espaço, longe de qualquer corpo gravitacional, e acelerasse, como na Figura 13b, os trajetos dos dois objetos soltos seriam paralelos entre si; eles não convergiriam em um ponto. Assim, para os dois objetos, a aceleração e a força da gravidade não estão exatamente na mesma direção. Isso significa que, se o cabo do elevador fosse cortado, o martelo e a pena não permaneceriam *exatamente* estacionários entre si e em relação ao elevador, mas se moveriam minimamente um em direção ao outro, de forma que, caso o elevador despencasse em um túnel até o centro da Terra, o martelo e a pena se encontrariam. Isso quer dizer que o princípio de equivalência (nas formas fraca e forte) deveria ter uma advertência à saúde. A equivalência da aceleração e da gravidade aplica-se apenas se escolhermos uma região pequena o bastante e fizermos medições com uma determinada precisão limitada. Em uma região maior e/ou com mais precisão, pode-se começar a perceber os pequenos desvios sobre os quais estivemos discutindo. Também é preciso especificar que as medições não devem ser feitas por um período muito longo de tempo. Dois objetos soltos de alturas um pouco diferentes dentro de uma espaçonave em órbita (queda livre), após um período de tempo longo o bastante, se apartarão porque a força da gravidade (que diminui ao qua-

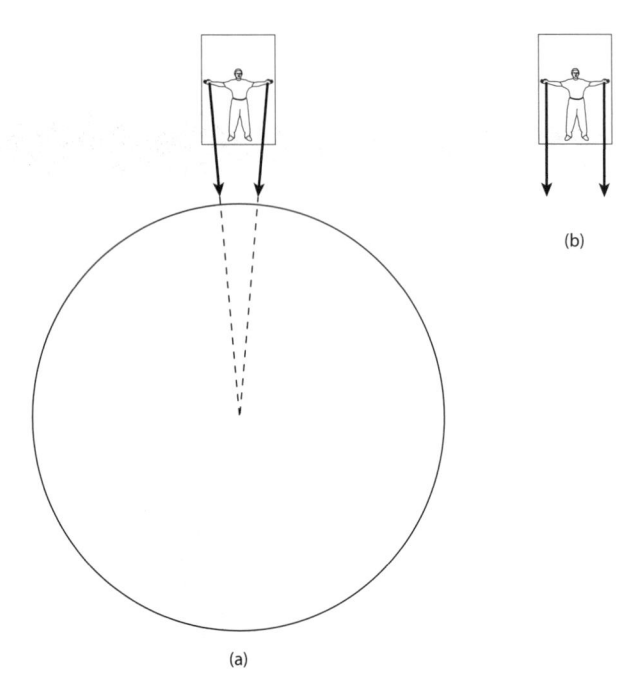

13. No caso (a), os trajetos dos dois objetos que caem sob a força da gravidade estão levemente inclinados entre si por estarem ambos direcionados ao centro da Terra. Por outro lado, no caso (b), em que há aceleração e nenhuma gravidade, os trajetos dos objetos são paralelos.

drado inverso da distância do centro da Terra) será um pouco menor para o objeto posicionado no local mais alto.

Porém, há uma boa dose de discurso nisso tudo. O que importa é que, em função do princípio de equivalência, se quisermos investigar os efeitos da gravidade em uma determinada situação, podemos, caso seja mais conveniente, pensar na gravidade sendo substituída por uma aceleração; se, por outro lado, desejamos investigar os efeitos da aceleração, podemos pensar nela como sendo substituída por uma força gravitacional equivalente.

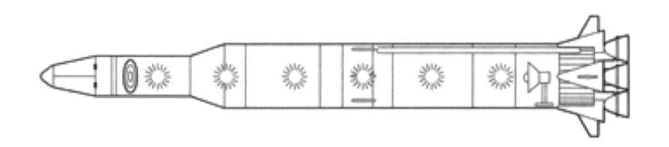

14. Fonte de luz posicionada na parte traseira da espaçonave, emitindo pulsos regulares em direção a um alvo colocado na parte frontal.

O princípio de equivalência às vezes é considerado a "parteira" da relatividade geral – uma teoria que vai muito além do princípio em si.

Os efeitos da aceleração e da gravidade sobre o tempo

O modo como a gravidade e a aceleração afetam o tempo pode ser novamente explorado utilizando-se uma fonte de luz pulsada e um alvo na espaçonave. Desta vez, a fonte é posicionada na parte traseira da nave, e o alvo, na parte frontal (veja a Figura 14). Considera-se que a fonte emite um trem de pulsos com frequência regular, f. Com os motores de foguete desligados, a nave constitui um referencial inercial. Sob essas circunstâncias, os pulsos chegam ao alvo com o mesmo índice de frequência com que foram emitidos, ou seja, f.

Agora suponha que, no momento em que o pulso é emitido, os motores de foguete sejam acionados de forma que a nave acelera para frente com aceleração a. Se a distância ao alvo for h, levará tempo $t = h/c$ para que a luz atinja a parte dianteira da nave. Durante esse tempo, a nave terá adquirido uma velocidade

$$v = at = ah/c$$

Essa é a velocidade do alvo quando recebe o pulso comparada à da fonte quando o pulso foi originalmente emitido. Em outras palavras, o alvo está recebendo a luz quando se distancia da fonte com velocidade relativa v.

Agora, como é bem sabido, ao lidar com ondas sonoras como as emitidas pela sirene de uma ambulância em movimento ou com ondas de luz de uma fonte em movimento, a frequência na recepção é diferente daquela na emissão. É o famoso *efeito Doppler*. Se a fonte estiver se afastando, a frequência recebida é menor; se estiver se aproximando, é maior. A fórmula padrão que conecta a frequência recebida, f', e a frequência na emissão, f, é dada por

$$f' = f/(1 \pm v/c) \qquad (8)$$

Em velocidades próximas à da luz, essa expressão deve ser modificada para incluir o efeito da dilatação de tempo sobre a fonte em movimento. Porém, para velocidades pequenas (como a velocidade, v, atingida pela nave em aceleração no tempo que leva para que um pulso percorra seu comprimento), tal fórmula é suficiente. Reordenando-a, a diferença de frequência observada no alvo à medida que se distancia da posição original da fonte pode ser representada como

$$(f' - f) \approx fv/c$$

Usando a expressão que derivamos para v, finalmente obtemos

$$(f' - f) \approx -fah/c^2 \qquad (9)$$

Assim, a frequência com que os pulsos são recebidos na frente é menor do que a frequência com a qual são emitidos na parte traseira. De maneira semelhante, se a fonte que emite os pulsos fosse colocada na frente da nave e o alvo fosse colocado atrás, então a fonte pareceria estar se movendo na direção do observador, em vez de se afastar dele, e a frequência com a qual os pulsos são recebidos seria igualmente maior do que na emissão.

Tendo isso em mente, agora veremos o que aconteceria se a aceleração fosse substituída por um campo gravitacional equivalente. Supomos que a nave seja posicionada em sua plataforma de lançamento, mantida pela gravidade da Terra (Figura 15). A parede traseira da nave agora é vista como o "chão" da nave, e a parede dianteira, como o "teto". Novamente, pulsos regulares de luz passam da fonte, posicionada no chão, para o alvo no teto. Tendo estabelecido qual seria a situação para um referencial inercial em aceleração, podemos imediatamente concluir, com base no princípio de equivalência, que, para um observador posicionado no alvo, a frequência dos pulsos que chegam lá será considerada menor do que seria, para um segundo observador colocado próximo à fonte, a frequência com a qual os pulsos são emitidos. De acordo com o observador na parte superior, a frequência com a qual ele recebe os pulsos deve ser igual à taxa com que são emitidos. Por consequência, ele conclui que a frequência de emissão é menor do que a que o observador na parte inferior afirma ser. Isso é chamado de *desvio para o vermelho gravitacional*, pois indica um desvio de frequência para a extremidade menor (vermelha) do espectro. O significado disso é que, se fôssemos considerar a fonte pulsada como uma forma de relógio – emitindo um pulso a cada segundo, por exemplo –, *então o observador na parte superior concluiria que o relógio abaixo do campo gravitacional está andando devagar*.

Da mesma forma, se a fonte fosse colocada na parte superior da nave, e o alvo, colocado no fundo, outra vez baseados no princípio de equivalência, devemos concluir que o observador na parte traseira receberá os pulsos a uma taxa maior (a fonte de aceleração equivalente que vem em sua direção gera maior frequência por efeito Doppler). Esse seria um *desvio para o azul gravitacional*. Assim, o observador no solo concorda com quem está no teto a respeito de seu relógio estar andando mais devagar do que o outro.

Observe que esse é um tipo diferente de conclusão daquela que obtivemos sobre o fenômeno da dilatação do tempo que surge do movimento relativo. Naquele caso, os

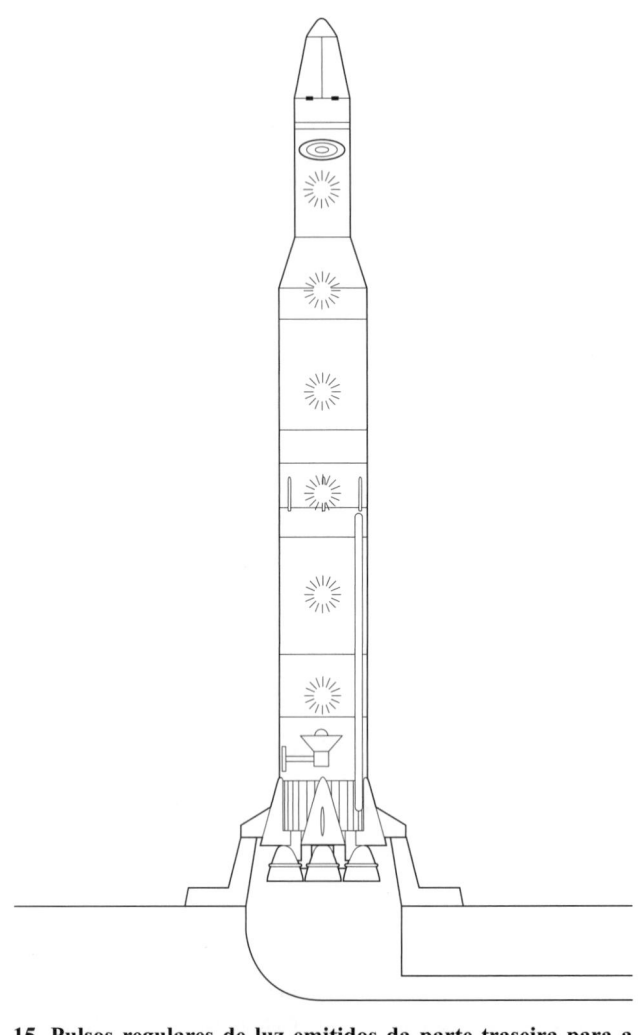

15. Pulsos regulares de luz emitidos da parte traseira para a parte dianteira da espaçonave, enquanto esta permanece na posição vertical sobre sua plataforma de lançamento.

dois observadores acreditavam que o relógio da outra pessoa estava andando devagar, porque a situação era exatamente simétrica – não havia maneira de saber quem estava "realmente" se movendo. Essa nova situação não é simétrica entre os dois observadores.

Eles concordam em relação a qual está mais acima e qual está abaixo do campo gravitacional.

Então, o que descobrimos é que, em um campo gravitacional, um relógio – e, logo, o próprio tempo – andará mais devagar quanto mais abaixo do campo ele estiver. O desvio fracionário de frequência é o mesmo que encontramos para o caso da espaçonave em aceleração.

$$(f' - f)/f \approx -gh/c^2$$

onde h é novamente a diferença de altura entre os dois locais, e agora substituímos a aceleração, a, da espaçonave por g, a aceleração equivalente devido à gravidade nesse campo uniforme.

Einstein propôs sua previsão de um desvio gravitacional da frequência em 1911. As primeiras indicações experimentais de um desvio para o vermelho gravitacional vieram de um estudo dos espectros emitidos por estrelas anãs brancas. Elas têm uma massa aproximadamente igual à do Sol, mas são muito compactas – cerca de cem vezes menores –, dando origem a um forte campo gravitacional na superfície. Mais recentemente, na década de 1960, uma equipe de Princeton conseguiu medir o desvio na luz vinda do Sol. Mas a confirmação mais contundente de estudos astronômicos envolve estrelas de nêutrons. Elas têm massa 1,4 vez maior do que a massa solar, mas raios em torno de apenas 10 quilômetros. Portanto, sua gravidade superficial é colossal. Em 2002, usando o telescópio espacial XMM-Newton, da Agência Espacial Europeia, foram feitas medições do desvio sofrido por raios X emitidos por uma estrela de nêutron e passando por sua atmosfera com altura de um centímetro. O desvio de frequência foi de 35%.

Em 1960, usando um método ultrapreciso de medição de frequência, Robert Pound e Glen Rebka verificaram o desvio por meio de um experimento, no qual passaram radiação gama para cima e para baixo de uma torre com altura de 22,5 metros. Usando os valores g = 9,81ms^{-2}, h = 22,5m e $c = 3 \times 10^8$ms^{-1}, pode-se verificar, pela fórmula acima, que o desvio fracionário da frequência neste caso foi de apenas $-2,5 \times 10^{-15}$. Ainda assim, esse desvio minúsculo foi verificado com precisão de 1%.

O efeito também já foi observado por relógios atômicos sobrevoando a altas altitudes em uma aeronave. Anteriormente, mencionamos como a fórmula de dilatação do tempo da relatividade especial foi verificada usando uma aeronave. De fato, a situação foi bem mais complicada do que o indicado aqui. Dois efeitos entram em jogo: um deve-se à velocidade do relógio da aeronave em relação ao relógio no solo, e o outro – esse novo efeito – deve-se à altura da aeronave acima do relógio no solo. Tais efeitos são comparáveis entre si e precisam ser esclarecidos. Na prática, os dois pesquisadores, J.C. Hafele e R.E. Keating, em 1971, fizeram um relógio voar ao redor do mundo no sentido leste, enquanto outro fez a volta indo para o oeste. As leituras nesses relógios foram comparadas à de um relógio mantido no Observatório Naval dos EUA. Embora as duas aeronaves estivessem voando na mesma velocidade em relação à superfície terrestre, por causa da velocidade rotacional da Terra elas estavam, na verdade, voando com velocidades diferentes em relação a um observador inercial, digamos, no centro da Terra. Por causa da rotação terrestre, o relógio no chão também estava se movendo em relação ao observador inercial – com uma velocidade intermediária entre os das duas aeronaves. Para cada aeronave, foi mantido um registro de viagem referente à velocidade e à altitude. Isso permitiu fazer cálculos de ganhos ou perdas esperados do relógio da aeronave em comparação com o que ficou no solo. O relógio viajando para o leste deveria ter ganho 144±14 nanosegundos em razão do desvio para o azul gravitacional, mas perdido 184±14ns devido à dilatação do tempo, resultando em uma perda líquida esperada de 40±23ns. O resultado experimental foi uma perda de 59±10ns. Enquanto isso, esperava-se que o relógio rumando para o oeste ganhasse 179±18ns devido à gravidade, além de ter um ganho adicional de 96±10ns pela dilatação do tempo, o que geraria um ganho líquido de 275±21ns. Novamente, houve boa concordância com o resultado experimental, que foi um ganho de 273±7ns.

Outro teste do desvio para o azul gravitacional foi feito em 1976, durante um voo de foguete com altitude de 10 mil quilômetros. Corrigindo a esperada dilatação do tempo da relatividade especial, o desvio para o azul resultante estava de acordo com a teoria com duas partes em 10^4.

Assim, os efeitos da gravidade sobre o tempo estão bem estabelecidos. O tempo anda mais rápido no andar superior do que no térreo. Mas antes de você começar a ter ideias sobre fazer trabalhos tediosos, como passar roupa, no andar de cima para que acabem mais rápido, lembre-se que é o próprio tempo que anda mais rápido, e não apenas os relógios. Isso significa que o seu pensamento é mais rápido no andar superior, então o trabalho chato ainda pareceria levar o mesmo tempo para você. Também vale a pena destacar que você envelhecerá mais rápido e, por consequência, morrerá antes lá em cima! Entretanto, outra coisa que precisamos lembrar é que os efeitos sobre os quais estamos falando são tão pequenos a ponto de serem desprezíveis. Mesmo tendo escalado o monte Snowdon, o tempo que se leva para tomar uma xícara de chá na cafeteria lá é reduzido em apenas uma parte em 10^{13} comparado com o que seria no nível do mar.

Isso não significa que o desvio para o vermelho gravitacional seja sempre pequeno. Como veremos mais adiante, a gravidade associada aos buracos negros é tão potente que pode causar uma paralisação completa no tempo.

O paradoxo dos gêmeos revisitado

Conhecendo os efeitos da aceleração e da gravidade sobre os relógios, revisitamos agora o paradoxo dos gêmeos.

Antes, descrevemos como a astronauta gêmea, tendo viajado para um planeta distante, reverteu o movimento de sua nave de forma a retornar à base para realizar uma comparação objetiva e lado a lado dos dois relógios. Ela conseguiu isso acionando os motores de foguete, fazendo com que ela própria fosse submetida à aceleração. Em contraste, durante o período de aceleração da nave, o controlador não sentiu nada. A simetria entre a astronauta e o controlador da missão foi eliminada. Portanto, o controlador era o único que obedecera ao requisito de permanecer o tempo todo em um referencial inercial. Por esse motivo, somente seu cálculo era válido, a saber: a astronauta gêmea voltaria mais jovem do que ele próprio.

Presumindo que a distância percorrida entre a Terra e o planeta é h, e que a velocidade da nave é v, então o tempo, t_c, registrado no relógio do controlador para a viagem de ida e volta foi

$$t_c = 2h/v \qquad (10)$$

A leitura no relógio da astronauta, t_a, segundo o controlador, estava dilatada pelo tempo:

$$t_a = 2h(1 - v^2/c^2)^{1/2}/v \qquad (11)$$

A astronauta concorda com essa avaliação da leitura em seu relógio, embora por uma razão diferente. Para ela, a distância entre a Terra e o planeta (conforme são vistos passando por ela) tem o comprimento contraído pelo fator $(1 - v^2/c^2)^{1/2}$. Assim, ela está satisfeita com o tempo reduzido em seu relógio.

O problema está na avaliação da astronauta em relação a qual deveria ser a leitura no relógio do controlador quando ela retornar. Ela argumenta que a Terra e o controlador estão se movendo com velocidade v em relação a ela, então o relógio do controlador sofrerá dilatação do tempo. Quanto a isso, ela está certa. Durante os trechos da viagem marcados por movimento contínuo, ela (e o controlador) está em um referencial inercial e plenamente justificada em afirmar que o relógio dele está andando mais lentamente do que o seu.

(Aqui estamos ignorando quaisquer efeitos gravitacionais em razão do planeta sendo visitado.) Mas o que dizer do período em que os motores estão acionados, a nave está desacelerando e ela não está mais em um referencial inercial? Esse retardamento equivale a uma aceleração no sentido da Terra. Após parar, ela deve acelerar de volta à velocidade v, desta vez em direção à Terra – um período contínuo de aceleração no mesmo sentido.

Já vimos como os efeitos produzidos por uma aceleração são os mesmos que seriam produzidos por um campo gravitacional equivalente. Portanto, podemos substituir a aceleração da nave por um campo gravitacional imaginário, de intensidade uniforme, estendendo-se por todo o caminho da atual posição da nave no planeta até onde está o controlador na Terra. A equação 9, a saber, $(f'-f) \approx -fgh/c^2$, dá o desvio observado de frequência, $(f-f)$, da luz emitida por uma fonte posicionada a uma distância, h, mais abaixo do campo gravitacional, g. É o desvio para o vermelho gravitacional. Se a fonte for posicionada mais acima do campo, perdemos o sinal negativo na equação 9 e obtemos um desvio para o azul. Essa relação é válida tanto para a frequência da luz emitida quanto para a taxa de um relógio colocado na mesma posição. Sem esquecer que, em nosso caso, o relógio do controlador é posicionado mais acima do campo gravitacional em comparação ao observador (a astronauta), e a astronauta conclui que o tempo do controlador está acelerado. Assim, para a duração da aceleração, a astronauta considera que o relógio do controlador está andando mais rápido do que o dela. Essa aceleração de tempo é tão pronunciada quando ela desativa os motores antes de retornar à Terra que o relógio do controlador, em vez de ficar atrasado, agora está à frente do da astronauta. Durante a viagem constante de volta para casa, ela novamente acredita que o relógio do controlador está andando mais devagar do que o dela em razão da habitual dilatação do tempo. Como consequência, durante a viagem de retorno, seu relógio tende a alcançar o do controlador. Porém, acontece que este ganhou tanto tempo durante o curto período de aceleração que ainda está à frente do relógio da astronauta quando ela volta à Terra. Em outras palavras, a gêmea que ficou em casa agora está mais velha – esta, naturalmente, é a mesma conclusão obtida pela outra gêmea. Portanto, não há paradoxo.

As leituras nos dois relógios, t_c' e t_a', nos vários estágios da viagem, conforme avaliadas pela astronauta, estão ilustradas no gráfico da Figura 16. Partindo da Terra no ponto O, a nave chega ao planeta no ponto A com t_c' ficando atrás de t_a'. Entre A a B, os motores são acionados e, depois disso, t_c' está à frente de t_a'. Durante a seção entre B e C, o intervalo entre as duas leituras tende a ser eliminado. Mas em C, t_c' ainda está à frente de t_a'.

Algo que pode lhe deixá-lo intrigado é que, se a nave fosse fazer uma viagem longa – dez vezes mais longa, por exemplo –, as diferenças de tempo seriam dez vezes maio-

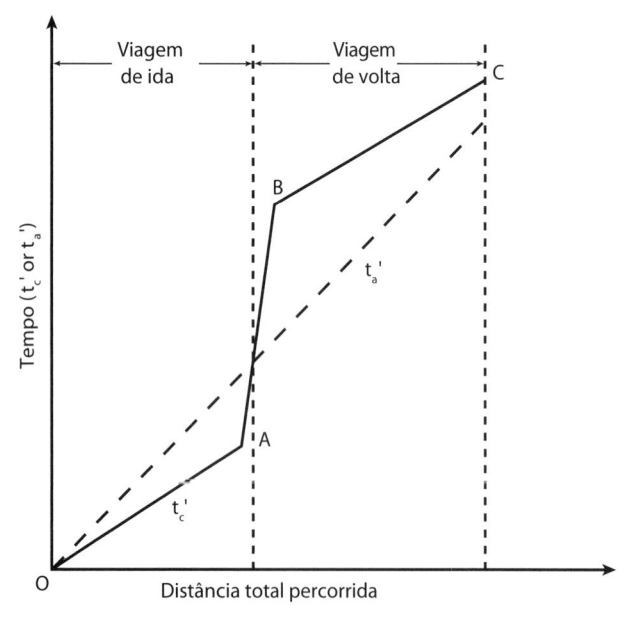

16. Leitura no relógio da astronauta, t_a', comparada à leitura no relógio do controlador, t_c', conforme avaliada pela astronauta.

res. Porém, é preciso exatamente a mesma aceleração para reverter a velocidade, *v*. Como a aceleração idêntica pode produzir dez vezes a mudança na leitura do relógio do controlador? A resposta está lá na equação 9, em que vimos que o desvio de frequência é proporcional à distância, *h*. Torne *h* dez vezes maior, e o desvio de frequência aumentará por um fator de dez.

Outra preocupação que você pode ter é que não especificamos com que rapidez a aceleração deve acontecer. Mais uma vez, isso não traz consequências. Sabemos que $v = gT$, onde *g* é a aceleração e *T* é o tempo que a aceleração opera para produzir essa mudança de velocidade, *v*. Se a aceleração fosse reduzida à metade, teria que operar por um tempo duas vezes maior para produzir a mesma mudança de velocidade. A equação 9 mostra que, com metade do valor para *g*, o desvio de frequência seria reduzido à metade. Mas a aceleração e, portanto, o ritmo aumentado de andamento do relógio continuarão por duas vezes mais, então a mudança geral da leitura do relógio será a mesma que antes.

É fácil avaliar essa questão de modo quantitativo utilizando o método do efeito Doppler. (Nos ocuparemos disso no restante desta seção, mas se você preferir pode pular essa parte e passar direto para a próxima.)

Vamos presumir que o relógio do controlador emita pulsos de luz com uma frequência de um por segundo (conforme calculado pelo controlador). A astronauta, pela contagem dos pulsos de luz recebidos do relógio do outro, conseguirá observá-lo de perto.

Quantos pulsos ela terá recebido quando chegar em casa?

Como dito anteriormente (equação 8), a fórmula padrão que conecta a frequência recebida, f', e a frequência na emissão, f, para a luz emitida por uma fonte viajando com velocidade *v* é dada por

$$f' = f/(1 \pm v/c)$$

Em velocidades próximas à da luz, essa expressão deve ser modificada para incluir o efeito da dilatação de tempo sobre a fonte em movimento:

$$f' = f/(1 - v^2/c^2)^{1/2}/(1 \pm v/c)$$
$$f' = f/(1 - v/c)^{1/2}(1 + v/c)^{1/2}/(1 \pm v/c)$$

Assim, quando a fonte estiver se afastando do observador,

$$f' = f(1 - v/c)^{1/2}/(1 + v/c)^{1/2} \qquad (12a)$$

E, aproximando-se do observador,

$$f' = f(1 + v/c)^{1/2}/(1 - v/c)^{1/2} \qquad (12b)$$

A partir da equação 11, vemos que, segundo a astronauta, a viagem de ida leva $t_a = 2 = h(1 - v^2/c^2)^{1/2}/v$.

O número de pulsos, n_o, recebidos durante essa viagem de ida é o tempo $t_a/2$, multiplicado pela frequência dos pulsos recebidos (expressão 12a):

$$n_o = f' t_a/2 = f(1 - v/c)^{1/2} h(1 - v^2/c^2)^{1/2}/v(1 + v/c)^{1/2}$$
$$n_o = fh(1 - v/c)/v$$

Da mesma forma, o número de pulsos, n_r, recebidos durante a viagem de retorno é o tempo $t_a/2$, multiplicado pela frequência dos pulsos recebidos (expressão 12b)

$$n_r = f' t_a/2 = f(1 + v/c)^{1/2} h(1 - v^2/c^2)^{1/2}/v(1 - v/c)^{1/2}$$
$$n_r = fh(1 + v/c)/v$$

O número total de pulsos recebidos, n, é dado por

$$n = n_o + n_r = fh(1 - v/c)/v + fh(1 + v/c)/v = 2fh/v$$

Considerando que a frequência, f, é de um pulso por segundo, chegamos ao tempo total no relógio do controlador: $2h/v$.

Isso está de acordo com a estimativa do próprio controlador, conforme dado na equação 10. Desta forma, a astronauta pode prever até que ponto o relógio do controlador estará à frente do seu.

A curvatura da luz

Já vimos, por meio do princípio de equivalência, como a aceleração e a gravidade produzem efeitos equivalentes no movimento de objetos díspares, como martelos e penas. Mas o que dizer do movimento de um feixe de luz? Estamos acostumados a pensar na luz se propagando em linhas retas, mas será este o caso sob influência da gravidade ou em um referencial inercial em aceleração?

Para investigar isso, imagine outro experimento envolvendo a fonte de luz pulsada e o alvo a bordo da espaçonave. Desta vez, a fonte e o alvo estão dispostos exatamente da mesma forma em que estavam no primeiro experimento. Em outras palavras, o feixe de luz deve ser disparado em ângulos retos na direção do movimento da nave.

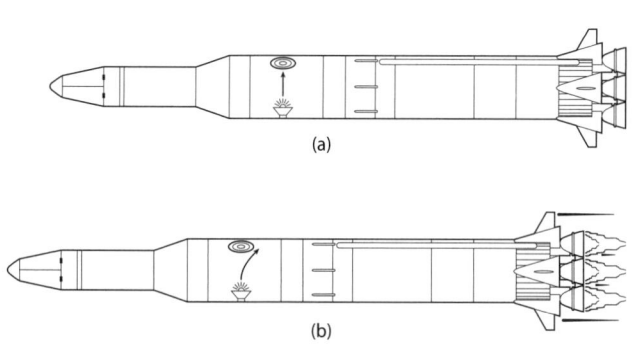

17. Para uma espaçonave em queda livre, caso (a), um pulso de luz direcionado lateralmente através da nave se propaga em uma linha reta para o alvo na parede oposta. Para uma nave sendo acelerada, caso (b), o pulso parece, para a astronauta, seguir um trajeto curvo, atingindo a parede oposta à parte traseira do alvo.

Enquanto a nave é considerada estacionária e distante de qualquer fonte gravitacional – ou, de modo equivalente, se estiver em queda livre –, ela representa um referencial inercial. Sob essas circunstâncias, o feixe de luz, conforme esperado, se propaga em uma linha reta para o alvo, conforme mostra a Figura 17a. Porém, suponha que, no momento em que o pulso deixa a fonte, os motores sejam acionados e a nave acelere para frente. No que tange ao controlador da missão, o pulso de luz mais uma vez segue exatamente o mesmo trajeto – uma linha reta na mesma direção que antes. Mas, quando atinge a parede distante, a nave já terá se movido para frente; o ponto central do alvo não está mais diretamente do lado oposto onde a fonte estava quando o pulso começou sua viagem. Em outras palavras, o controlador verá que ele atinge um ponto um pouco mais atrás de onde o alvo está agora.

Enquanto isso, o que a astronauta vê? Há uma ilustração disso na Figura 17b. O pulso começa sua jornada na direção do alvo, mas depois, para que atinja a parede distante na parte traseira do alvo, deve desviar o trajeto em linha reta e seguir uma curva.

Pensemos agora na aceleração sendo substituída por um campo gravitacional equivalente, onde a parede traseira da nave fosse novamente considerada o "chão" e a ogiva fosse o "teto". Neste caso, a astronauta concluiria que o pulso de luz "cairia" em direção ao chão – da mesma forma que um objeto atirado pela nave partiria rumo ao alvo, mas cairia na direção do chão e não atingiria a parte central do alvo.

Com base nessa observação, poderíamos esperar que raios de luz traçassem trajetórias curvas em campos gravitacionais; a luz seria curvada. De fato, essa foi a previsão feita por Einstein em 1915, quando trabalhava em Berlim durante a Primeira Guerra Mundial. Relatos de suas ideias saíram da Alemanha e chegaram ao cientista britânico Arthur Eddington, que trabalhava em Cambridge. Seis meses após o final da guerra, em maio de 1919, Eddington verificou a teoria de Einstein por meio de um dos experimentos mais famosos de todos os tempos. A ideia era observar as posições normais das estrelas em uma determinada região do céu noturno. A seguir, as posições eram medidas mais uma vez quando o Sol estivesse naquela região. Sob a segunda condição, a luz estelar teria que passar perto do Sol para nos atingir e, portanto, deveria passar pelo campo gravitacional do Sol. A luz seguiria uma trajetória curva e, por isso, quando fosse detectada, estaria vindo de uma direção um pouco diferente da original. Isso, por sua vez, daria a impressão de que a posição da estrela teria se deslocado de onde geralmente seria encontrada (veja a Figura 18). Naturalmente, um problema ao fazer essa observação é que o brilho do Sol que impossibilitaria que as estrelas fossem vistas.

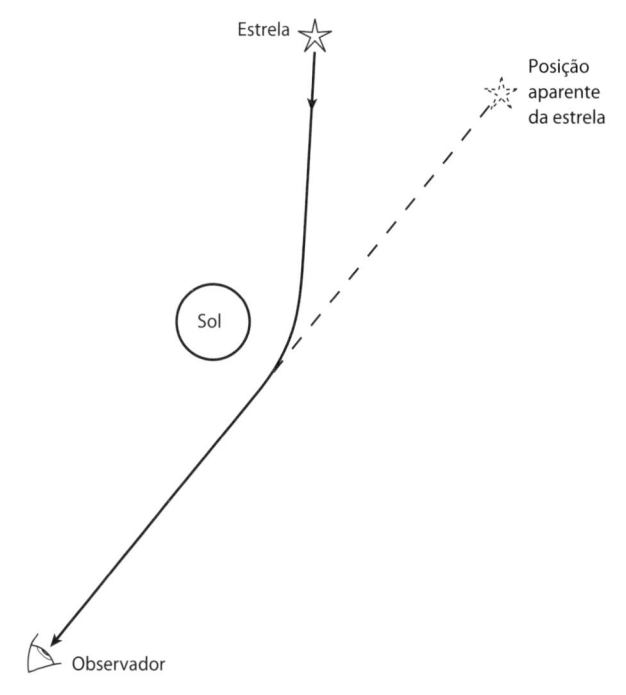

18. Trajeto de luz de uma estrela distante muda de direção quando passa pelo Sol. Ao chegar a um observador, ela parece vir de uma parte diferente do céu; a posição aparente da estrela se alterou.

Por esse motivo, a observação foi realizada durante um eclipse total. O efeito buscado era extremamente pequeno – não mais que uma deflexão de 1,75 segundos de arco (algumas dezenas de milésimos de um grau). Porém, Eddington teve êxito ao verificar a previsão.

Isso – e posteriores expedições de eclipses – apenas resultou em mensurações do efeito com precisão inferior a 20%. Contudo, durante o período entre 1989 e 1993, o satélite Hipparchos da Agência Espacial Europeia conseguiu realizar medições de alta precisão da posição de estrelas. Por estar acima da atmosfera terrestre, as estrelas estavam sempre visíveis, e não havia necessidade de aguardar os eclipses. A curvatura da luz foi confirmada com precisão de 0,7%. Enquanto as medições feitas na Terra tiveram que se concentrar na luz estelar que apenas roçava o limbo do Sol, onde a gravidade era mais intensa e o efeito da curvatura era mais marcado, o Hipparchos pôde detectar a curvatura da luz até para as estrelas situadas a 90° em relação à direção do Sol.

A curvatura da luz dá origem a um fenômeno interessante chamado de *efeito de lente gravitacional*. Não só o Sol, mas também uma galáxia – ou um grupo de galáxias – pode agir como uma fonte gravitacional curvando e distorcendo a luz que chega até nós de um distante objeto luminoso que se encontra além dela. Em 1979, observou-se o que pareciam ser dois quasares idênticos próximos entre si (quasares são distantes fontes de luz brilhante localizadas em enormes galáxias esferoidais e lenticulares). No final, revelou-se que eram duas imagens do mesmo quasar. A luz dessa única fonte havia sido distorcida por uma galáxia que fica sobre a linha de visão do quasar. A galáxia de interferência agia como uma lente, curvando a luz do quasar. Se a fonte, a galáxia-lente e nós próprios estivéssemos na mesma linha, a luz da fonte se curvaria de modo uniforme em torno da galáxia, produzindo um anel – às vezes chamado de anel de Einstein. Porém, essa é a situação ideal. Por tudo estar um pouco desalinhado e porque a galáxia-lente não é esfericamente simétrica, geralmente vemos imagens distorcidas e múltiplas. Chama-se a isso de efeito de lente forte e, até hoje, mais de uma centena de exemplos são conhecidos. Além disso, pode haver um microefeito de lente, em que uma única estrela age como a lente para a luz de outra estrela mais distante alinhada com ela. Nesses casos, vê-se a luz da fonte iluminar-se subitamente por um instante à medida que passa da linha de visão da estrela interferente, sendo que esta age como uma lente de aumento. De fato, em 2004 esse processo de ampliação revelou que a estrela de fonte distante tinha um planeta com 1,5 vezes o tamanho de Júpiter orbitando em torno dela. Foi a primeira vez que um planeta extrassolar foi encontrado a partir desse método.

Deve-se ressaltar, de passagem, que Newton, baseado em fundamentos inteiramente distintos dos de Einstein, havia previsto muito antes que a luz se curvaria em um campo gravitacional. Ele baseou suas ideias em uma teoria corpuscular da luz, segundo a qual a luz é composta de um fluxo de partículas minúsculas se propagando com velocidade c. Sob essas circunstâncias, poderia se esperar que as partículas fossem atraídas para o Sol, produzindo uma deflexão. Porém, a quantidade de deflexão é apenas metade da prevista pela teoria de Einstein e pode ser verificada por meio de experimentos. E não é só isso: a teoria corpuscular de Newton estava em conflito com a teoria ondulatória para descrever como a luz se move através do espaço.

Espaço curvo

Então, se Einstein não considerava a luz um fluxo de partículas sendo atraídas – da mesma forma que qualquer outra partícula – pela força da gravidade, que imagem física ele desenvolveu para tentar entender o que estava acontecendo?

Retornamos ao experimento com o martelo e a pena. Considerando que eles têm massas diferentes, vimos que a gravidade terrestre precisa puxá-los com intensidade diferente para que eles acelerem em direção ao solo exatamente da mesma forma. Isso suscita a questão referente a como a gravidade sabia com que intensidade deveria atrair cada um para que se comportassem de modo equivalente e, afinal, por que ela desejaria que tivessem esse comportamento?

O mesmo acontece quando uma astronauta vai dar uma caminhada no espaço. Consideramos que a espaçonave está orbitando a Terra com seus motores desligados – está em queda livre. A astronauta sai da nave e flutua a seu lado. Ela também está em órbita em torno da Terra – mais ou menos com a mesma órbita da nave. Novamente, a gravidade exercida pela Terra é tamanha que produz exatamente o mesmo comportamento em dois objetos muito distintos. Em vez de viajar em uma linha reta com velocidade constante, a força da gravidade atrai a caminhante espacial e a nave da maneira exata para fazer com que ambas sigam uma trajetória curva – a mesma trajetória.

A resposta de Einstein a isso foi sugerir que, na presença de um corpo gravitacional, o movimento "natural" de um objeto não é o de permanecer estacionário ou se movendo com velocidade constante em uma linha reta. Em vez disso, ele propôs que, próximo a corpos gravitacionais como a Terra, o próprio espaço torna-se distorcido. Ele é curvado de tal forma que o trajeto natural seguido por todos os objetos é qualquer trajeto que observamos: a órbita seguida pela caminhante no espaço e a nave em torno da Terra.

Um jeito de pensar nisso é imaginar uma pista de corrida inclinada. Em uma pista dessas, dois veículos muito diferentes podem trafegar com pouca necessidade de direção do motorista, porque os carros são induzidos a seguir o trajeto curvo devido à inclinação da pista nos cantos. A pista é distorcida ou curvada de forma que não é mais "natural" para o veículo continuar em uma linha reta. Ele não precisa mais de uma força de pilotagem para alterar sua direção de movimento. A "direção" é dada pela forma da pista.

Assim, o que Einstein está dizendo é que não precisamos invocar uma força – a força da gravidade – para manter a astronauta e a nave em órbita ao redor da Terra. Não há força que precise de ajuste fino para manter os objetos de massa diferente no mesmo trajeto. Do contrário, tanto a astronauta quanto a nave estão apenas seguindo o trajeto natural que todos os objetos seguirão se partirem da mesma posição com a mesma velocidade. Portanto, Einstein substituiu a noção de forças da gravidade por um conceito completamente novo – o de espaço curvo.

Era muito simples. Contanto que, naturalmente, alguém consiga compreender a ideia de um espaço curvo! Não é fácil – principalmente se somos criados para pensar no espaço como outro nome para "nada". Como é que o nada pode ser curvo?

A resposta é que, para um físico, o espaço não é "nada". Pelo contrário, ele deve ser visto como um *continuum* suave e uniforme. Grosso modo, é como uma gelatina muito fina. Quando discutirmos a cosmologia do Big Bang mais adiante, veremos que todos os grupos de galáxias estão se distanciando entre si. Isso não acontece porque estão se espalhando no que antes era espaço desocupado – o nada vazio. Não, trata-se mais de um caso do próprio espaço se expandindo e, no processo, carregando as galáxias junto consigo em uma maré de espaço em movimento. Mais uma vez, no estudo de física quântica, descobre-se que, para o físico, o espaço está abarrotado de partículas fundamentais "virtuais", sendo que algumas delas surgem na existência efêmera de tempos em tempos. Esse é um efeito. Outro é que a carga elétrica em um elétron, digamos, repele as cargas nos elétrons virtuais que compõem o vácuo próximo, afastando as partículas virtuais.

Pensando nesses termos, em que o espaço não passa de "coisa" (de algum tipo), torna-se mais plausível que essa coisa seja distorcida e curvada de alguma maneira, de forma que o trajeto natural a seguir não fosse necessariamente uma linha reta. E esperaríamos que essa curvatura afetasse tudo o que passasse por aquela região do espaço – inclusive a luz. Em nossa discussão anterior do experimento da curvatura da luz, por exemplo, pensamos que a luz passando pelo Sol seria atraída a ele pela força da gravidade. Essa nova interpretação, envolvendo o espaço curvo, sugere que a Figura 18 pode ser substituída por algo mais semelhante à Figura 19.

A ideia de um espaço curvo, em si, não é nova. Todos estão familiarizados com espaços bidimensionais curvos. Um espaço bidimensional pode consistir de uma folha lisa. Em um plano desses, verificamos que a circunferência de um círculo, C, é dada pela expressão

$$C = 2\pi r$$

onde r é o raio. Outro resultado é que os ângulos interiores de um triângulo somam $180°$. Porém, podemos ter uma situação em que a superfície assume a forma de uma esfera.

Em outras palavras, o espaço bidimensional é curvado. Fazer geometria em uma superfície dessas é muito diferente do que era na superfície plana. Na Figura 20, vemos que o círculo formado pelo equador tem o Polo Norte, P, como centro (não o centro da esfera, porque estamos limitados a permanecer na superfície bidimensional). Nessa superfície,

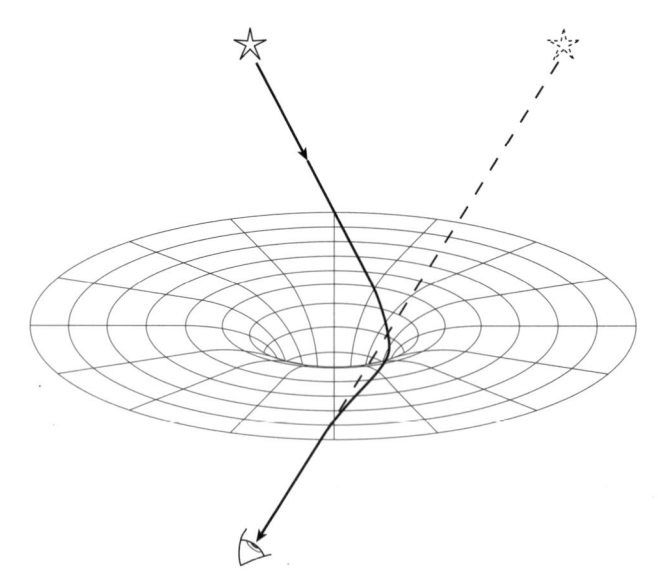

19. Representação do modo como a luz de uma estrela distante se curva pela curvatura do espaço causada pelo Sol.

o equivalente a uma linha reta é a menor distância entre dois pontos (a configuração que uma fita elástica assumiria se esticada entre as duas extremidades). Assim, "linhas retas" são arcos de círculos máximos para a esfera. Por consequência, PA é um raio, r, do círculo equatorial dentro da superfície bidimensional (não o raio R do centro da esfera). O equador é um círculo completo em torno da esfera, enquanto o raio é apenas um quarto de um círculo completo em torno da esfera. Logo, nessa superfície, temos a seguinte relação para esse determinado círculo:

$$C = 4r$$

Vemos que a circunferência do círculo é menor do que $2\pi r$.

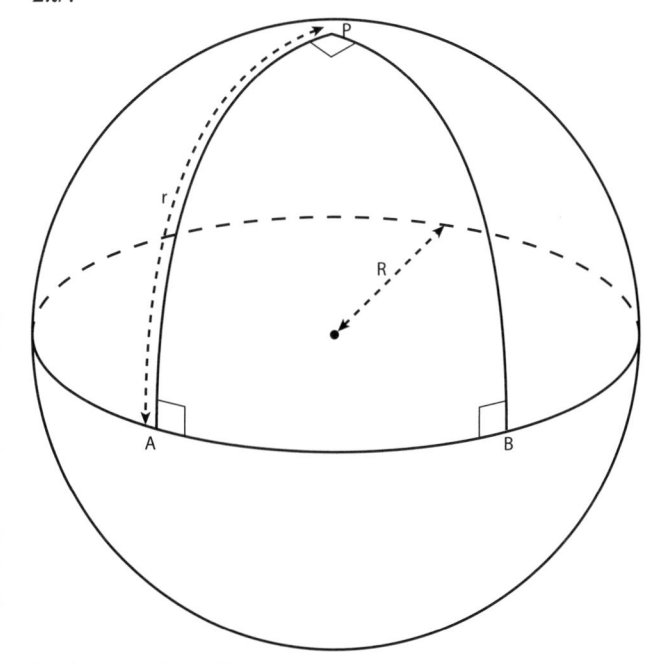

20. A geometria realizada na superfície de uma esfera é diferente daquela de uma superfície plana.

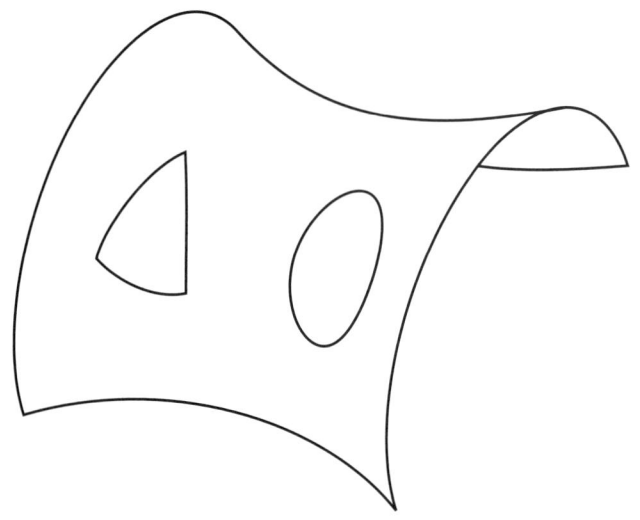

21. A sela é outra forma em que a geometria realizada em sua superfície difere daquela de uma superfície plana.

Além de círculos, triângulos também são afetados pela geometria curva. PAB é um triângulo composto das três "linhas retas" de intersecção. A soma dos ângulos interiores para esse triângulo é de três ângulos retos, isto é, 270°, em vez dos habituais 180°.

A superfície de uma esfera é um tipo de espaço bidimensional curvo. A Figura 21 mostra outro, baseado no formato de uma sela.

Aqui, vemos que os ângulos interiores de um triângulo somam menos do que 180°, e a circunferência de um círculo é maior que $2\pi r$.

Observe que os dois círculos e triângulos, em ambos os tipos de superfície curva, eram comparáveis em tamanho com o tamanho total da esfera ou da sela. Se tivéssemos limitado nossa atenção a círculos e triângulos muito pequenos, teríamos obtido resultados bem diferentes. Em microescala, mesmo uma superfície curva tende a ser bastante plana e, neste caso, mantém-se a geometria normal para uma superfí-

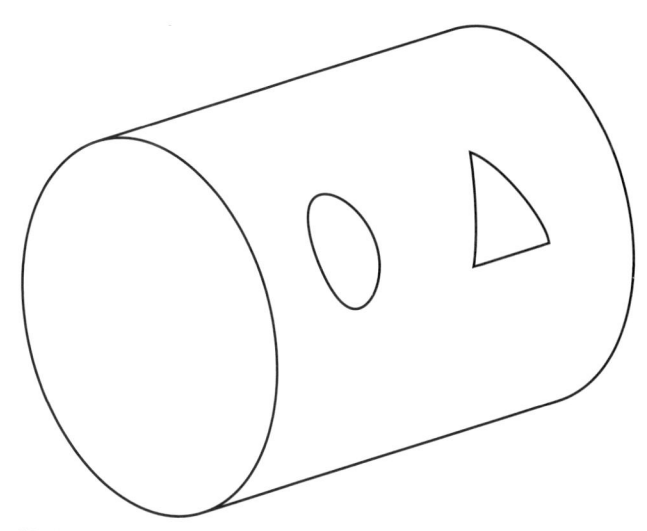

22. Apesar do fato de que a superfície de um cilindro pareça "curva", sua geometria é a mesma que a de uma superfície plana.

cie plana, pelo menos aproximadamente, e essa aproximação melhora quanto menor for a escala.

Afinal, o que aprendemos com essa consideração de superfícies bidimensionais curvas é que obtemos resultados diferentes do caso plano comum euclidiano – embora quanto menores forem as figuras usadas, mais próximas estarão do caso plano. Esses resultados são transferidos para uma consideração do que significa ter um espaço *tridimensional* curvo.

Em primeiro lugar, é impossível visualizar um espaço *tridimensional* curvo. Com duas dimensões, era fácil; a terceira dimensão nos possibilitava ver para onde a curvatura estava indo. Mas onde está a quarta dimensão espacial para conciliar a "curvatura" das três dimensões?

Na verdade, a visualização pode ser ilusória. Veja a superfície mostrada na Figura 22. Ela é curva? Em certo sentido, é óbvio que sim. Trata-se de um cilindro. Mas as aparências enganam. No que tange à *geometria* da superfície, ela é igual à geometria plana. Afinal, o cilindro poderia ser feito dobrando-se uma folha de papel (de certo modo, não se pode dobrar uma folha plana para fazer uma esfera ou uma sela). Se você desenhar um círculo ou um triângulo em uma folha plana e, a seguir, dobrá-la para formar um cilindro, as propriedades dessas figuras permanecem exatamente as mesmas que antes.

Por isso, esqueça a visualização da curvatura. Em vez disso, definimos um espaço como curvo se a geometria realizada *dentro* desse espaço diferir da geometria euclidiana. Afinal, uma mosca sobre a superfície da esfera ou sela não precisaria ter uma visão panorâmica da forma da superfície para concluir que é curva. Ela poderia chegar a essa conclusão simplesmente fazendo medições em triângulos e círculos dentro da própria superfície. É assim que se explora a geometria do espaço tridimensional – sem posicionar-se, de alguma forma, fora do espaço tridimensional para ter uma visão global, mas realizando mensurações dentro do próprio espaço.

Devido a experimentos com a curvatura da luz e pela espaçonave e astronauta caminhando no espaço, ambos em órbita, já sabemos que o espaço se curva na escala afetada pela Terra, Sol e galáxia, que são como cavidades espalhadas na ampla superfície que compõe a totalidade do espaço. Mas são cavidades em uma superfície que, no geral, é plana, esférica, tem forma de sela ou o quê? Voltaremos a esse tópico mais adiante, ao discutir o universo em geral.

Anteriormente, vimos como a presença de um corpo gravitacional afeta o tempo (o desvio para o vermelho gravitacional). Agora veremos que ele também afeta o espaço. Levando em consideração como fomos conduzidos pela relatividade especial a concluir que o espaço e o tempo constituíam um espaço-tempo quadridimensional, agora concluímos que não devemos pensar somente em um espaço curvo, mas sim em um *espaço-tempo curvo*. O eixo do tempo, junto com os três eixos espaciais, é afetado pela presença do corpo gravitacional.

Já falamos de objetos que seguem "trajetos naturais" através do espaço-tempo curvo. O nome real dado a esses trajetos é *geodésica*. A geodésica é o trajeto seguido por um objeto em queda livre, o que equivale a dizer que não se está sujeito a nenhuma força não gravitacional, como influências elétricas e magnéticas (já considerando os efeitos gravitacionais através da curvatura do espaço-tempo). Em outras palavras, na relatividade geral, a geodésica toma o lugar da linha reta na geometria euclidiana normal ou na relatividade especial. Assim, quando a luz de uma estrela é dobrada em torno do Sol, ela está seguindo uma geodésica.

Que característica define uma geodésica? No espaço euclidiano tridimensional, a linha reta análoga é definida como sendo o trajeto com a menor distância entre dois pontos. No espaço-tempo, define-se geodésica como o trajeto entre dois eventos caracterizados por ter o *tempo próprio* máximo. Tempo próprio é o tempo que seria registrado em um relógio acompanhando o objeto à medida que se move entre os dois pontos em questão. Na Figura 23, revisitamos o paradoxo dos gêmeos (brevemente, desta vez!). Ela mostra a situação do ponto de vista do controlador da missão. A letra O marca a partida da astronauta da Terra; ela viaja para o planeta distante, chegando em P. Depois, faz a volta e retorna à Terra, chegando em Q. Enquanto isso, o controlador permanece estacionário e traça a linha de universo OQ. Já estabelecemos que, quando ele e a astronauta se encontrarem, o relógio do controlador estará à frente do da astronauta. Em outras palavras, seu tempo próprio é maior do que o dela. E isso geralmente será verdadeiro. Não importa que linha de universo a astronauta trace entre os dois pontos O e Q – por exemplo, o trajeto arbitrário mostrado passa por S –, a leitura em seu relógio sempre será menor do que no do controlador. Ela terá seguido uma linha de universo caracterizada por um tempo próprio que é menor do que o do controlador. O que há de tão especial na linha de universo do controlador para ter o tempo próprio máximo? Só ele permanece em um referencial inercial o tempo todo. Ele está seguindo o trajeto da queda livre e a geodésica entre os dois eventos O e Q.

A propósito, não seja iludido pelo nome bastante infeliz: tempo *próprio*. Não significa que, de alguma forma, esse

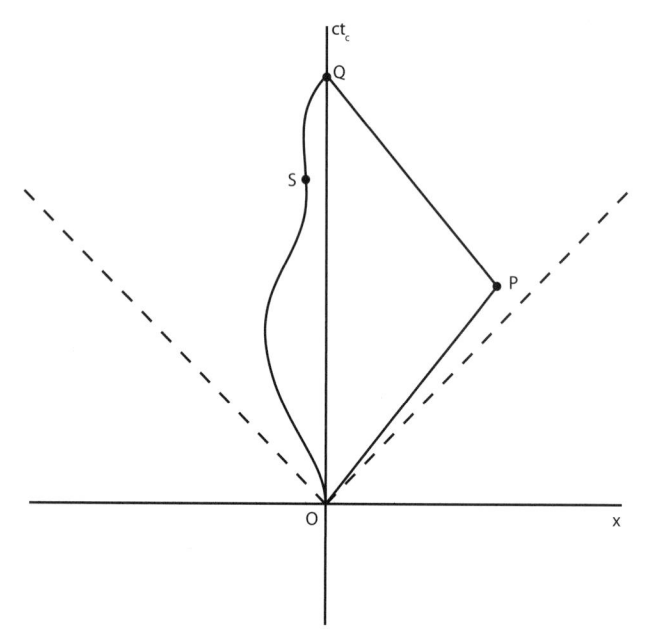

23. Linhas de universo para os dois gêmeos envolvidos no "paradoxo dos gêmeos".

é o tempo verdadeiro, o tempo real, e que todos os outros tempos estão errados!

Reitero o que disse antes ao introduzir pela primeira vez ideias relativistas sobre comprimentos e tempos. Todas as estimativas de distância e de tempo estão ligadas ao ponto de vista de um observador específico. Não há distância objetiva ou intervalo de tempo independente do ponto de vista de qualquer observador – nada que possa ser considerado como *a* distância ou *o* intervalo de tempo.

Outro ponto a ser destacado é que, embora tenhamos introduzido a ideia de geodésica no contexto de nossa discussão dos efeitos da gravidade, ela se aplica universalmente – mesmo em casos que não envolvem a gravidade. Não é uma questão de usar o "tempo próprio máximo" em um caso e "menor distância entre dois pontos" no outro. Na ausência de gravidade, a geodésica caracterizada pelo tempo próprio máximo também tem a propriedade de ser a mais curta distância espacial.

O dilema da relatividade geral é que a matéria diz ao espaço como se curvar, e o espaço diz à matéria como se mover. O espaço não é mais considerado o palco passivo em que os atores – objetos materiais e luz – encenam sua peça. O próprio espaço torna-se um ator.

Você pode estar pensando que tudo isso está certo: substituir a noção de forças gravitacionais por outra de um espaço ou espaço-tempo curvo. Mas não se trata de uma questão de preferência pessoal quanto ao modo de ver as coisas? Não podemos ficar com a ideia newtoniana de forças de gravidade se assim desejarmos?

Na maioria das situações cotidianas, a teoria de Newton se mantém com um nível de precisão perfeitamente adequado. Mesmo ao calcular as órbitas de satélites, não há problema em usar a conhecida lei do quadrado inverso da gravitação. Matematicamente, é muito mais fácil lidar com a teoria de Newton do que com a relatividade geral. Por esse único motivo, os físicos continuarão a falar sobre forças da gravidade e seguirão usando a lei de Newton. No entanto, eles sabem que a teoria geral da relatividade oferece as previsões mais precisas e é uma maneira superior de compreender a física. A lei de Newton, embora seja uma "receita" útil para solucionar a maioria dos problemas – aqueles envolvendo gravidade fraca e velocidades muito menores do que a da luz –, tem pouco a oferecer sobre o que está de fato acontecendo. A relatividade geral não é só uma reinterpretação geométrica opcional da gravidade. Tivemos um vislumbre disso quando indicamos que a teoria de Newton previa a curvatura da luz estelar em torno do Sol, com base na pressuposição de que a luz era composta de partículas. Porém, ela deu a quantidade errada. A relatividade geral previu a quantidade exata.

Outro famoso teste da relatividade geral foi conduzido em 1915 e envolveu Mercúrio – o planeta mais próximo ao Sol e, portanto, capaz de explorar a gravidade solar em sua intensidade máxima. Como os outros planetas, a órbita de

Mercúrio é uma elipse e tem o Sol em um de seus focos (veja a Figura 24a). O ponto de maior proximidade ao Sol é chamado de *periélio*. Normalmente, segundo a mecânica newtoniana, poderíamos esperar que a orientação da órbita permanecesse inalterada; o periélio deveria permanecer onde está. Porém, sabia-se que, de fato, o periélio da órbita de Mercúrio tendia a mudar a cada volta sucessiva do planeta ao redor do Sol (Figura 24b). Chamava-se isso de precessão do periélio. A maior parte desse movimento era facilmente explicada em termos da atração gravitacional dos outros planetas no sistema solar. Contudo, já se observara, desde 1845, que a taxa real da precessão diferia da esperada em 43 segundos de arco por século. Uma quantidade diminuta, por certo. Mas ela claramente estava lá, e preocupava porque não era considerada. Contudo, a teoria de Einstein fez justamente isso. A relatividade geral exigiu exatamente essa precessão. Einstein declarou mais tarde que, ao saber da notícia da verificação dessa previsão, "ficou fora de si de tanto êxtase durante dias".

Mais recentemente, em 1974, Joseph Taylor e seu orientando, Russell Hulse, descobriram que o pulsar PSR 1913+16 é membro de um sistema binário. O pulsar (uma forma de estrela colapsada) estava em uma órbita excêntrica com outra estrela sobre seu centro mútuo de massa, aproximando-se com uma distância de 1,1 raio solar na aproximação mais perto e afastando-se para 4,8 raios solares na separação mais distante. Conforme previsto pela teoria da relatividade, constatou-se que o periélio está avançando a uma taxa de 4,2 graus por ano. Isso é um avanço em um único dia equivalente ao que Mercúrio faz em um século.

Outro teste interessante da relatividade geral foi proposto pela primeira vez em 1964 por Irwin Shapiro e envolveu o uso de uma potente fonte de radar e pulsos de radar sendo refletidos em um planeta. A ideia era cronometrar quanto tempo levaria para que os pulsos se propagassem até o planeta e de volta à Terra, rastreando com precisão o trajeto do planeta. Isso foi repetido posteriormente enquanto o planeta estava prestes a passar por trás do Sol (veja a Figura 25).

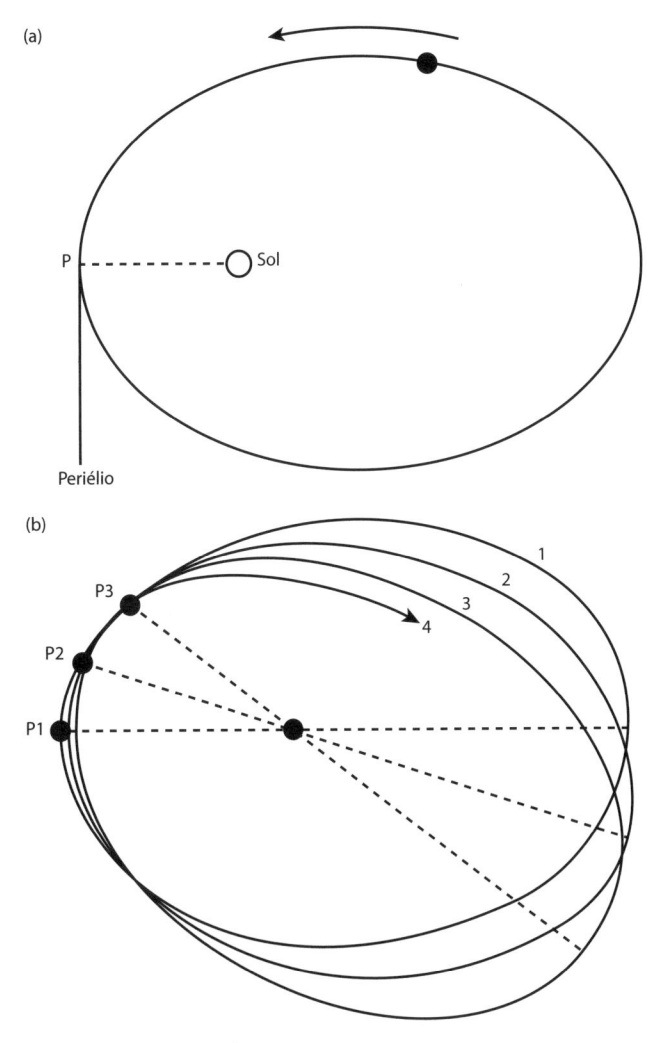

24. Segundo a mecânica newtoniana, um planeta como Mercúrio deveria ter uma órbita elíptica. Na ausência de qualquer outro corpo gravitacional (outros planetas), o periélio deveria permanecer fixo, caso (a). Porém, de acordo com a relatividade geral, o periélio deveria preceder, caso (b).

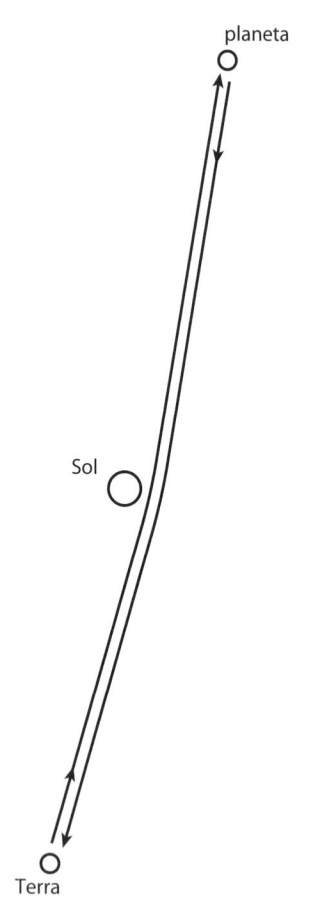

25. Teste da relatividade geral baseado no atraso de tempo de pulsos de radar refletidos em um planeta à medida que os pulsos roçam o limbo do Sol.

Com base em mensurações prévias, quando o planeta estava em partes diferentes do céu, podia-se calcular qual seria a leitura prevista quando os pulsos de radar roçassem o limbo do Sol. De fato, verificou-se que havia um atraso de tempo de aproximadamente 250 microssegundos. A passagem perto do Sol causa uma desaceleração dos pulsos. É exatamente isso que prevê a teoria de Einstein. O experimento foi realizado a partir de pulsos refletidos de Mercúrio e Vênus, usando os planetas como refletores passivos. Também foram usados satélites artificiais: Mariners 6 e 7, Voyager 2, a sonda Viking para Marte e a espaçonave Cassini para Saturno. Nos últimos casos, os satélites foram usados como retransmissores ativos dos pulsos de radar. O experimento mais preciso até hoje foi conduzido em 2003 com Cassini, que conseguiu verificar a previsão com precisão de uma parte em 10^{-5}.

Observe que o efeito sobre o qual estamos falando envolve medições de tempo e, por isso, é uma demonstração de que o espaço-tempo, em vez de apenas o espaço, é curvo próximo a corpos gravitacionais.

Vale a pena levantar uma última questão. Vimos que, para os vários testes de relatividade geral (o desvio para o vermelho gravitacional, a curvatura da luz, efeito de lente gravitacional, sondagem por radar próximo ao Sol, a precessão do periélio de Mercúrio), estamos procurando efeitos pequenos – leves desvios do que seria esperado com base na lei da gravidade de Newton. Mas isso não deve fazer você pensar que a relatividade geral lida apenas com questões pequenas, insignificantes. A relatividade geral dá conta de *todos* os efeitos gravitacionais, inclusive os que podem ser aproximados pela teoria newtoniana. Assim, por exemplo, além de a relatividade explicar a precessão do periélio da órbita de Mercúrio, ela também explica, para começo de conversa, por que Mercúrio e todos os outros planetas e satélites estão em órbita.

Buracos negros

Na Figura 19, tentamos ilustrar como o Sol curvou o espaço-tempo mostrando-o como uma bola repousando sobre uma depressão causada por ele em uma folha elástica. É claro que essa é uma analogia muito grosseira. Previamente, indicamos que, ao ter em mente a curvatura de um

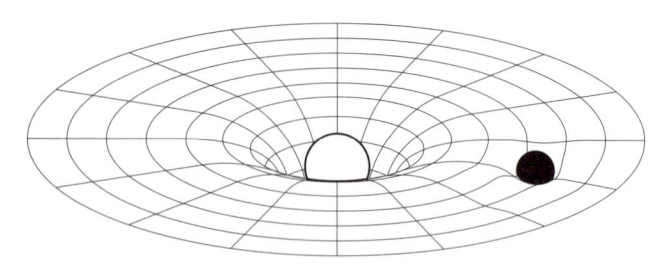

26. Representação do modo como a curvatura do espaço em função do Sol faz com que o planeta orbite o Sol.

espaço bidimensional, como a superfície de uma esfera, é mais do que justo pensar nela como se curvando na terceira dimensão. Mas, quando se trata da curvatura do espaço tridimensional, não existe dimensão adicional para assumir a "curvatura". Em vez disso, é preciso se basear na análise de propriedades geométricas do próprio espaço tridimensional.

No entanto, representações bidimensionais do espaço tridimensional, como a da Figura 19, podem às vezes nos fazer intuir o que está acontecendo. Principalmente se for um caso de simetria esférica – como a curvatura no espaço circundante produzida pelo Sol –, em que qualquer fatia bidimensional através desse espaço (que passa pelo Sol) é representativa de qualquer outra fatia bidimensional. A terceira dimensão torna-se redundante, pois não contém informações que já não estejam disponíveis nas outras duas. Na ilustração, podemos representar o espaço tridimensional por sua fatia bidimensional e usar a terceira dimensão da ilustração para acomodar a "curvatura". Foi isso que fizemos na Figura 19. Na Figura 26, vemos como a curvatura geral devido à presença da bola pesada (o Sol) faz com que uma bola menor (um planeta) se mova ao seu redor em órbita, em vez de se mover em linha reta.

Na Figura 27, vemos em maior detalhe o tipo de curvatura produzida pelo Sol. Por que ela tem aquela forma? A inclinação da curva em qualquer ponto depende de sua distância do centro do Sol, e também de quanta matéria gravitacional existe entre o ponto escolhido e o centro do Sol.

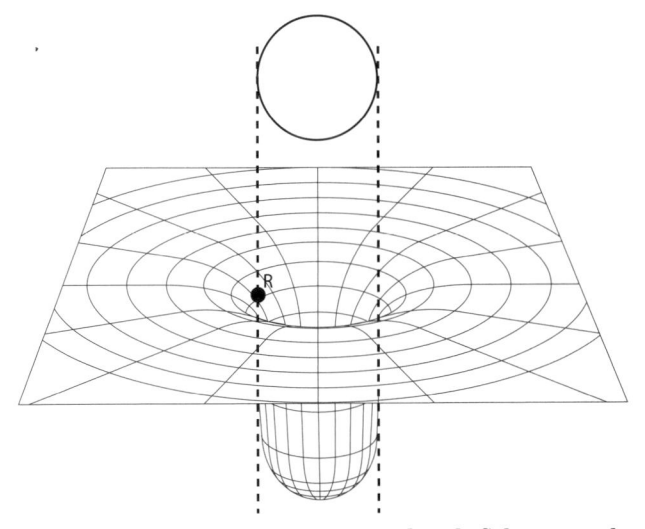

27. Perfil da curvatura do espaço causada pelo Sol, mostrando como ela diminui dentro dele.

Quando consideramos pontos cada vez mais próximos ao Sol, a quantidade de matéria permanece a mesma (a massa do Sol), mas a distância está diminuindo, então a inclinação da curva aumenta.

Isso continua até se chegar à borda do Sol, no ponto R. Movendo-se agora para o interior do Sol, a distância ao centro continua a diminuir, mas a quantidade de massa entre o ponto escolhido e o centro está sendo reduzida – um efeito que tende a diminuir a curvatura. De fato, a soma desses dois efeitos leva a uma redução geral da curvatura de forma que, quando se chega ao centro do Sol, a curva se achatou. É isso que se esperaria, porque o Sol não exerce gravidade em seu ponto central. E o que for verdadeiro para o Sol é verdadeiro para outras estrelas e planetas; eles criam curvaturas semelhantes à da Figura 27.

Porém, deixe-me novamente enfatizar que, embora alguns diagramas possam ser úteis para visualizar o que está acontecendo, na prática não vemos o espaço tridimensional se curvando para outra dimensão. Em vez disso, temos que nos basear nas propriedades intrínsecas do próprio espaço. Afinal, o que isso significa? Como um exemplo específico, tomamos um objeto esfericamente simétrico como o Sol e perguntamos como ele afeta o espaço-tempo a seu redor.

Já sabemos algo sobre como o tempo é afetado. Para um observador distante do Sol, um relógio próximo ao Sol parece andar devagar; ele sofre um desvio para o vermelho gravitacional. Mas em quanto? Karl Schwarzschild foi o primeiro a solucionar as equações de Einstein para o caso de um corpo esfericamente simétrico. A solução exige uma quantidade considerável de matemática, mas o resultado final é relativamente simples: para um observador distante, a velocidade do relógio parece ser reduzida por um fator de $(1 - 2mG/rc^2)^{1/2}$. Aqui, m é a massa do Sol, G é a constante gravitacional, r é a distância do relógio ao centro do Sol e c é a velocidade da luz. Observamos que, para um r grande, a expressão se aproxima de 1, isto é, quando o relógio está longe do Sol, ele parece andar com velocidade normal. Quanto mais perto o relógio chega do Sol, mais lentamente ele anda. Para estrelas mais pesadas do que o Sol, ou seja, com massa maior, m, o efeito é maior, como seria esperado.

Chega de falar sobre o tempo. E quanto ao espaço? A solução de Schwarzschild mostra que ele é afetado no sentido radial. Imagine, por exemplo, uma longa linha de fitas métricas colocadas lado a lado, estendendo-se da posição de nosso observador distante até o Sol. De acordo com o observador, as fitas parecem estar encurtadas – quanto mais perto uma fita estiver do Sol, mais curta ela é. O fator pelo qual a fita é contraída é determinado pela mesma expressão que tínhamos para a desaceleração do tempo: $(1 - 2mG/rc^2)^{1/2}$. Novamente, vemos que, para um r grande, a expressão se aproxima de 1, e a fita parece ter comprimento normal. Quanto menor for r, ou quanto maior for m, mais a fita se contrai.

Como isso afeta a velocidade da luz? Imagine um pulso de luz emitido do relógio exteriormente na direção do observador. Ele começa em uma região onde o tempo foi desacelerado. Isso significa que tudo o que acontece lá está desacelerado no que se refere ao observador distante. E isso inclui a velocidade da luz; leva mais tempo para percorrer a distância de cada uma das fitas métricas em seu trajeto a partir do Sol. Porém, não é só o tempo que está desacelerado na região do relógio; o espaço é achatado no sentido radial em que o pulso de luz está se propagando. Isso quer dizer que, de acordo com o observador distante, para cada passagem de uma fita métrica, a luz viajou menos de um metro. Esse é um segundo fator que leva à desaceleração do pulso de luz. Na verdade, a luz está tendo que se "arrastar" para longe do Sol.

Uma desaceleração da velocidade da luz? Mas isso não viola um dos dois postulados sobre os quais a teoria da relatividade se baseia? Não. O postulado fala especificamente de referenciais inerciais, e aqui não estamos lidando com um referencial inercial. No espaço-tempo curvo produzido pela gravidade, não há nada que impeça que a velocidade da luz assuma um valor diferente do usual c.

Até então, limitamos nossa atenção ao ponto de vista de um observador distante. O que dizer de um observador em um estado de queda livre próximo ao relógio em questão? Esse observador está em um referencial inercial local. Seu ambiente imediato parece ser bem normal. O relógio está andando em sua velocidade normal, as fitas métricas têm comprimento normal e a velocidade da luz em suas cercanias é c. Convém lembrar que uma pequena área na superfície de uma esfera ou sela se aproxima de ser plana, e, quanto menor for essa área, mais próxima se torna de ser plana. Portanto, no espaço-tempo curvo quadridimensional, se considerarmos a situação de um observador em queda livre em uma pequena região local desse espaço-tempo, ele parecerá estar "achatado" – o que significa que a relatividade especial se aplica. Assim, o espaço-tempo curvo ao redor do Sol, por exemplo, pode ser visto como sendo composto de uma colcha de retalhos de minúsculas regiões locais, sendo que cada uma delas pode ser abordada pela relatividade especial. É apenas o observador distante que consegue perceber a imagem ampla e estendida do que está acontecendo com o espaço-tempo tanto perto quanto longe do Sol, e que é capaz de apreciar suas características curvas.

Ao especificar a quantidade pela qual o tempo parece estar desacelerado de acordo com o observador distante e as distâncias radiais contraídas, falamos do fator $(1 - 2mG/rc^2)^{1/2}$. Pode ter lhe ocorrido perguntar o que aconteceria se r fosse pequeno o bastante para que o segundo termo entre parênteses se tornasse igual a 1 e a expressão fosse reduzida a zero. Isso não significaria que o tempo paralisaria e que os comprimentos das fitas métricas se tornariam zero? Aqui, precisamos ter cuidado. A solução de Schwarzschild (e, portanto, a aplicabilidade daquele fator) é válida apenas fora de onde a massa do Sol está concentrada. Em outras palavras, além do ponto R na Figura 27. Para o Sol, o valor de r que tornaria o fator zero assumiria o valor de 1 bem no interior dele, onde somente uma fração da massa total m ainda estaria contida dentro do raio da esfera, r. Desta forma, para o Sol, o fator nunca pode ser reduzido a zero. Porém, esse nem sempre é o caso. Há objetos no cosmos que são tão compactos que tal condição pode ser satisfeita. Isso nos traz ao fascinante tópico dos *buracos negros*. Afinal, o que são buracos negros e como eles se formam?

Vimos como as estrelas são movidas por processos de fusão nuclear. Mas está claro que, como qualquer outro fogo, um dia acabará o combustível. O que acontece depois depende muito do peso da estrela e, por consequência, da força de sua gravidade. Para uma estrela de tamanho médio como o nosso Sol, após queimar de modo constante por 10 bilhões de anos, ele se expandirá até se tornar uma *gigante vermelha*. Ele perderá suas camadas externas, enquanto o núcleo entrará em colapso para se tornar uma pequena e brilhante *anã branca*. A seguir, esse núcleo desaparece e se torna uma cinza fria.

Uma estrela com massa de mais de aproximadamente oito massas solares termina sua vida ativa com uma explosão de supernova. Seu núcleo entra em colapso sob a influência da gravidade em que os elétrons, normalmente encontrados fora do núcleo atômico, são empurrados para o próprio

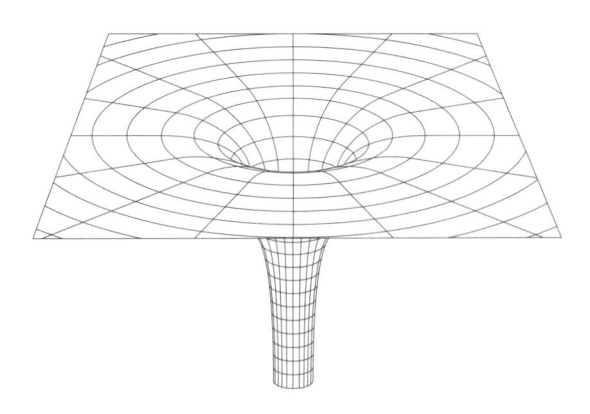

28. Perfil da curvatura do espaço causada por um buraco negro.

núcleo, onde eles se juntam aos nêutrons e prótons. Depois se combinam com os prótons para formar mais nêutrons, além de neutrinos (os neutrinos liberados são responsáveis por detonar o material na explosão). Assim, sobra um núcleo de nêutrons conhecido como *estrela de nêutrons*.

Conforme mencionado anteriormente, ao lidar com desvios para o vermelho gravitacional, uma estrela de nêutrons geralmente tem massa de 1,4 massa solar e, ainda assim, tem só cerca de 10 quilômetros de raio. A intensidade da gravidade na superfície de uma estrela de nêutrons é 2×10^{11} a da Terra.

Se a estrela inicial parte de uma massa maior do que vinte massas solares, a explosão de supernova resulta em uma estrela de nêutrons que teria massa acima de duas massas solares – mesmo que, para tal massa, a gravidade seja tão forte que nada consegue resistir a ela, e a aspirante a estrela de nêutrons continua seu colapso até que toda a matéria esteja concentrada em um único ponto: uma região infinitesimal de volume zero e densidade infinita. Esse é o nascimento de um buraco negro, que recebeu esse nome de John Wheeler na década de 1960. Porém, o fenômeno foi previsto muito antes, em 1939, por J. Robert Oppenheimer e Hartland Snyder com base na teoria de Einstein.

A Figura 28 mostra a curvatura do espaço causada por um buraco negro. Acredita-se que a curva continue até uma singularidade no ponto em que toda a matéria esteja concentrada. Pensando em termos de força da gravidade, essa força se aproximaria da intensidade infinita à medida que chegamos perto do centro. Qualquer coisa que caia em um buraco negro é desintegrada até virar um ponto em seu centro. Pelo menos nossa física atual nos levaria a essa conclusão. A questão é que nossa física não dá conta de singularidades. Sabemos que, ao lidar com objetos muito pequenos, de tamanho subatômico, entra em cena a teoria quântica – e não sabemos conciliar a física quântica com a teoria da relatividade. Assim, a natureza pode ter uma surpresa guardada para nós. Apesar disso, não temos alternativa no momento presente, a não ser concordar com a conclusão de que tudo é desintegrado até se tornar um ponto.

Se esse é o caso, segue-se que, diferentemente do Sol, para um objeto desses haverá uma distância do centro de forma que a expressão $(1 - 2mG/rc^2)^{½}$ seja reduzida a zero. Ele terá um raio, k, dado por

$$k = 2mG/c^2 \qquad (13)$$

sendo que k é chamado de *raio de Schwarzschild*. Ele delineia uma superfície esférica chamada de *horizonte de eventos*, centrada na concentração de massa. A significância dessa distância pode ser ilustrada da seguinte forma: imagine uma espaçonave caindo em um buraco negro. Conforme ela se aproxima do horizonte de eventos, parece, para o observador distante, desacelerar. Esse é o efeito combinado do tempo desacelerando e dos comprimentos radiais sendo contraídos proporcionalmente à proximidade do centro. No próprio horizonte de eventos, a nave parece ter parado. Ela parece estar indefinidamente suspensa lá. Isso acontece porque a luz da nave está precisando se arrastar lentamente para longe da região. No próprio horizonte de eventos, leva um tempo infinito para que a luz volte para o observador – logo, o objeto parece estar estacionário. Não quer dizer que, na prática, ele terá essa aparência por muito tempo. Embora a nave pareça, para o observador distante, ter parado no horizonte de eventos, na verdade ela passou por aquela região muito rapidamente e continuou indo para o buraco negro. Ela emitiu apenas uma quantidade limitada de luz em seu breve trânsito através daquela região. Portanto, assim que a luz avança lentamente até o observador, não sobra nada, e sua intensidade diminui com rapidez, fazendo a imagem desaparecer.

É preciso destacar que é assim que as coisas parecem ser do ponto de vista do observador distante. Como as coisas se parecem do ponto de vista da astronauta dentro da nave? No que tange a ela, à medida que cai no buraco negro, está inicialmente em um referencial inercial local, e seu ambiente imediato parece ser normal. Não há nada de inconveniente no tempo, distância ou velocidade da luz. Ela pode passar pelo horizonte de eventos sem estar ciente de que, de agora em diante, seu destino está traçado. Não há nada lá para indicar que esteja ultrapassando um ponto sem volta. Dali em diante, não há como escapar. Depois de estar dentro do horizonte de eventos, tudo continua em um mergulho inexorável rumo ao centro do buraco negro. E isso é tão verdadeiro para a luz quanto para tudo o mais. Os buracos negros não emitem luz, o que explica seu nome.

A astronauta e sua espaçonave serão desintegradas em um ponto no centro. É importante reconhecer que esse tipo de desintegração em nada se parece com o fenômeno da contração de comprimento que vimos no contexto da relatividade especial. Você deve lembrar que, com a contração de comprimento, a astronauta em sua espaçonave não sentia nada, porque todos os átomos de seu corpo estavam contraídos e, por isso, ela não precisava da mesma quantidade de espaço para se encaixar. Porém, cair em um buraco negro seria uma questão completamente diferente. Se caísse de pé, ela sentiria o corpo sendo esticado ao comprido, como se estivesse em um aparelho de tortura. Isso acontece porque os pés, estando mais próximos ao centro, sofrem um campo gravitacional mais forte do que a cabeça, que está mais distante. Enquanto esse alongamento acontece, as laterais do corpo são progressivamente desintegradas. Por fim, ela é esmagada até virar um ponto – e com certeza absoluta acaba morrendo!

Para uma estrela que vira um buraco negro com massa, digamos, dez vezes maior que a do Sol, a equação 13 mostra que k teria um valor de 10 quilômetros. Nessa distância do centro, as forças de maré que agem sobre o corpo em queda da astronauta no horizonte de eventos já seriam colossais. Seria o equivalente a ser colocado em um instrumento de tortura em que os pés são presos a um peso suspenso de 1 bilhão de quilogramas. Esse é o caso de um *buraco negro estelar* – um buraco negro formado pelo colapso de uma estrela.

Mas essa não é a única maneira de formação de buracos negros. Acredita-se que a maioria das galáxias tenha um buraco negro em seu centro – um *buraco negro galáctico*. Eles se formam por estrelas próximas ao centro da galáxia que está sendo atraída, colidindo, fundindo-se e colapsando para criar um buraco negro massivo. Em 1974, descobriu-se que nossa própria Via Láctea tem um buraco negro em seu centro, com massa de aproximadamente 3 milhões de massas solares. A maioria das outras galáxias parece conter objetos escuros supermassivos em seus centros, e acredita-se que sejam buracos negros. Alguns deles já engoliram bilhões de estrelas.

Na equação 13, vemos que o raio do horizonte de eventos aumenta proporcionalmente à massa. Sabe-se que a força de maré no horizonte de eventos diminui conforme o quadrado da massa. Dessa forma, para um buraco negro galáctico relativamente pequeno que contém 1 milhão de massas solares, a força de maré no raio de Schwarzschild seria reduzida por um fator de 10^{12}, o que significa que a astronauta passaria pelo horizonte de eventos quase sem ser afetada (embora isso, obviamente, seja apenas um alívio temporário – as intensas forças de maré entram em operação em distâncias mais curtas).

Mencionamos como os buracos negros estelares são formados quando estrelas supermassivas entram em colapso. Porém, algo que ainda não mencionamos é o fato de que a maioria das estrelas, como os planetas, possui momentum angular – elas giram sobre um eixo. O momentum angular precisa ser conservado. Desta forma, embora parte possa ser perdida pelo material ejetado durante a explosão de supernova que acompanha o colapso da estrela, espera-se que o buraco negro em si absorva boa parte do momentum angular original. Isso complica as coisas. A solução de Schwarzschild para as equações de Einstein não se sustenta mais. Foi só em 1963 que Roy Kerr conseguiu encontrar a solução para um buraco negro rotatório. A solução de Kerr propõe um resultado especialmente interessante: o buraco negro rotatório arrasta o próprio espaço-tempo próximo como um redemoinho. Um objeto que começa a cair diretamente no centro do buraco negro é gradualmente atraído por esse movimento giratório. Para um buraco negro rotatório, um objeto em queda passa primeiro por uma superfície conhecida como *limite estático*. Ele marca o limite de uma região chamada de *ergosfera*, que se estende até o horizonte de eventos. Na ergosfera, a maré do espaço-tempo rotatório é tão forte que nada – nem mesmo uma espaçonave imaginária com um motor foguete de propulsão infinita – pode permanecer estacionário, mas sim orbitar em torno do centro do buraco. Apenas fora do limite estático é possível conceber que uma espaçonave, acionando seus motores, permaneça estacionária.

Uma missão espacial chamada de Gravity Probe B está atualmente tentando testar a previsão do gravitomagnetismo. Ela consiste de quatro giroscópios de ultraprecisão. No espaço livre, esses giroscópios manteriam a direção do eixo de rotação de modo interminável. Porém, a sonda está em órbita ao redor da Terra. O encurvamento do espaço de Schwarzschild causado pela gravidade terrestre deveria fazer com que o alinhamento mudasse em 0,0018 grau por ano. Além disso, deveria haver um pequeníssimo efeito adicional porque o gravitomagnetismo totaliza menos de 0,000011 grau por ano. Isso equivale a ver um cabelo humano de uma distância de 400 metros. Enquanto este livro estava sendo escrito, aguardávamos os resultados.

Quando os objetos caem em um buraco negro, perdem sua identidade. Por exemplo, ao serem esmagados até virarem um ponto, não têm mais nenhum volume nem forma distintiva. Não quer dizer que deixem completamente de existir. Qualquer massa que tinham é adicionada ao que já estava lá. O que mais é retido? A massa do buraco negro é uma característica. Outra é o momentum angular. A carga elétrica é conservada, então qualquer carga elétrica que tenha sido carregada pelo objeto em queda é retida e adicionada à carga total no buraco negro. E isso é tudo – apenas massa, momentum angular e carga elétrica. Todas as outras características dos ingredientes que originalmente compuseram o buraco desapareceram para sempre.

Talvez você esteja pensando que isso tudo está muito bem, mas qual é a evidência da existência de buracos negros? Afinal, há um problema evidente para encontrar buracos negros, ou seja, eles são negros – não emitem luz e, além disso, engolem qualquer luz que possa, de alguma forma, refletir deles. Eles são, para todos os fins práticos, invisíveis.

Você se lembra do filme do homem invisível? Não se podia vê-lo diretamente, mas era possível ver os efeitos que ele produzia a seu redor. É exatamente essa a abordagem que se adota na caça aos buracos negros. Procura-se uma estrela que esteja sofrendo mudanças periódicas nas frequências de luz que emite. Isso será consequência do desvio Doppler à medida que a estrela se distancia de nós e, a seguir, vem em nossa direção. Tal movimento é característico de um sistema binário que consiste de duas estrelas orbitando sobre seu centro mútuo de massa. Geralmente, pode-se ver as duas estrelas. Porém, por vezes parece haver apenas uma; sua companheira não é vista. A partir do movimento da estrela visível, é possível calcular a massa da companheira. Se ela exceder cerca de três massas solares, é uma candidata a buraco negro. O caso é fortalecido se a estrela visível for uma gigante vermelha, isto é, uma estrela que tenha estrutura amplamente distendida. Às vezes podem-se ver as camadas externas da estrela visível sendo atraídas para a companheira invisível e emitindo raios X que são rapidamente sugados para o buraco negro.

Em 1972, Tom Bolton constatou que Cygnus X-1 exibia esse tipo de comportamento. Estimou-se que a parceira invisível tinha massa de sete vezes a massa solar. Era uma fonte de raios X que flutuava com rapidez. A luz cintilante normalmente ocorria por períodos de um centésimo de segundo. Esse período indicava que o que quer que estivesse emitindo os raios X não poderia ser tão grande. A luz viaja somente 3 mil quilômetros (um quarto do diâmetro da Terra) nesse intervalo de tempo, de forma que parece estabelecer um limite superior no tamanho do objeto que emite os raios X. Em outras palavras, a região é pequena – consistente com a emissão que vem das proximidades imediatas de um buraco negro. Quando escrevi este livro, havia aproximadamente vinte exemplos conhecidos de binárias que são mais bem explicadas em termos de uma das companheiras ser um buraco negro estelar – alguns exemplos são candidatos ainda mais fortes do que Cygnus X-1.

E as evidências de buracos negros supermassivos no centro de galáxias? As estrelas de uma galáxia giram em órbita ao redor do centro da galáxia. Inicialmente, presumia-se que o que mantinha cada estrela em curso era a atração gravitacional de todas as outras estrelas que eram vistas mais próximas do centro do que da estrela em órbita. Porém, descobriu-se que as estrelas próximas ao centro estavam orbitando muitíssimo mais rápido do que o esperado. Com isso, conclui-se que, a fim de fornecer atração suficiente para manter as estrelas em órbita no curso, a massa gravitacional próxima ao centro deve exceder em muito o que poderia ser explicado em termos de estrelas visíveis. Isso levou à conclusão de que, no próprio centro da galáxia, deveria haver um buraco negro supermassivo que engoliu muitas estrelas e, portanto, tornou-as invisíveis.

Uma segunda evidência da existência de buracos negros supermassivos é dada por *galáxias ativas*. Elas se parecem com galáxias normais, mas apresentam um pequeno núcleo de emissão embutido. A emissão desse núcleo – infravermelho, rádio, ultravioleta, raios X e raios gama – pode ser altamente variável e muito brilhante em comparação ao resto da galáxia. Isso se explica pelo material sendo agregado por uma pequena zona central – um buraco negro – com a liberação de grandes volumes de energia gravitacional.

Uma confirmação adicional para a existência desses buracos negros vem dos *quasares*, que são objetos excessivamente brilhantes localizados a uma longa distância de nós. Quanto mais longe olhamos, mais quasares enxergamos. Como é bem sabido, quanto mais distante um objeto astronômico estiver, mais atrás no tempo estamos olhando (devido ao tempo finito que leva para que a luz chegue até nós). Acredita-se que os quasares sejam galáxias em um estágio inicial de evolução. Assim como ocorre com as galáxias ativas, a fonte do brilho excepcional dos quasares permaneceu um mistério por algum tempo, até que foi feita uma conexão entre os quasares e a formação de buracos negros no centro das galáxias recém-criadas. De fato, agora existe uma opinião geral de que, embora as galáxias ativas e os quasares se pareçam muito distintos para nós, eles são, na verdade, o mesmo fenômeno visto de uma maneira diferente. Os quasares são simplesmente galáxias ativas que estão muito distantes de nós.

Concluindo, o peso das evidências da existência de buracos negros supermassivos no centro de galáxias é considerado esmagador.

Após ter abordado os buracos negros estelares e galácticos, deve-se mencionar brevemente uma terceira possibilidade: os *miniburacos negros*. Vimos que, para um objeto com massa menor do que cerca de duas a três massas solares, sua gravidade não é forte o bastante para compactá-lo em um buraco negro. Porém, objetos com menos massa poderiam se tornar buracos negros se sujeitos a uma pressão externa com suficiente potência. Em 1971, Stephen Hawking sugeriu que, sob condições de pressão extrema e turbulência dos primórdios do Big Bang, talvez flutuações de alta densidade tenham ficado tão comprimidas a ponto de formar miniburacos negros. Pode ser que tenham tido apenas a massa de, digamos, uma montanha; nesse caso, seu horizonte de eventos não seria maior do que o tamanho de um próton subatômico. Pode haver muitos desses objetos por aí hoje em dia. Porém, não há evidências de sua existência.

Da mesma forma, não há evidências dos *buracos brancos* – outra possibilidade teórica permitida pelas equações de Einstein. Assim como um buraco negro é uma região do espaço de onde nada pode escapar, um buraco branco seria uma região de onde não se poderia impedir que as coisas fossem expelidas! Outra especulação ousada – e adorada por escritores de ficção científica – é o *buraco de minhoca*. Trata-se da ideia de que, quando um objeto cai em um buraco negro, ele é esguichado por um túnel e sai por um buraco branco em outro lugar. Esse lugar pode ser qualquer um deste universo ou em outro universo completamente distinto. Novamente, não há evidência de algo desse tipo.

Há uma última questão a ser mencionada sobre buracos negros. Depois de formados, o que acontece com eles? Eles simplesmente ficam perambulando por aí para sempre? Por um tempo, eles carregam matéria agregada e se tornam mais massivos. Mas isso deve ter fim após a captação de todo o material disponível a ele. Espera-se que, com o tempo, um buraco negro galáctico tenha engolido todas as estrelas em sua galáxia – um processo com duração na ordem de 10^{27} anos, dependendo do tamanho inicial da galáxia. Existem grupos de galáxias; a Via Láctea é apenas uma de mais de trinta membros do Grupo Local. As galáxias estão em movimento constante enquanto permanecem unidas por sua gravidade mútua – de forma semelhante a como uma matilha de cães presos a um poste estão livres para se mover, mas dentro de uma região confinada. À medida que se movem, as galáxias continuamente emitem energia na forma de ondas gravitacionais (assunto que discutiremos na próxima seção). Isso, por sua vez, implica que todos os membros de um determinado grupo acabarão ficando junto em um buraco negro. Para o Grupo Local, deverá levar um período de 10^{31} anos.

Antigamente, pensava-se que isso era o fim da história. Afinal de contas, nada pode sair de um buraco negro, e não sobra nada para entrar nele. Mas, então, em 1974, Stephen Hawking propôs a surpreendente ideia de que os buracos negros brilham – de modo muito tênue, é verdade, mas mesmo assim emitem energia. O motivo disso provém da teoria quântica – e, portanto, estritamente falando, nos leva além do escopo deste pequeno livro. Mas permitam-me esboçar brevemente como isso acontece.

Já mencionamos que, para um físico, o espaço vazio – o vácuo – não tem nada de vazio (ele pode ser curvado, por exemplo). Segundo a teoria quântica, o vácuo está continuamente, e em todos os lugares, produzindo pares do que se chamam "partículas virtuais". São os pares de partícula-antipartícula, ou pares de fótons (isto é, feixes de energia de luz). Tal produção de partículas exige energia – por exemplo, para a produção das massas de repouso das partículas. Mas a teoria quântica permite que flutuações de energia aconteçam; pode-se "tomar emprestada" a energia, contanto que seja devolvida sem atraso. Desta forma, esses pares de partículas têm uma existência breve antes de se recombinarem e desaparecerem mais uma vez. Hawking sugeriu que, quando esse processo ocorre próximo ao horizonte de eventos de um buraco negro, uma das partículas virtuais pode cair nele, liberando energia gravitacional (exatamente da mesma forma que ocorre com uma partícula real quando cai em um buraco negro). A energia liberada poderia ser suficiente para devolver a energia "emprestada" sem que a segunda partícula virtual tenha que devolver sua própria energia. Essa segunda partícula – ou fóton –, fora do horizonte de eventos, fica livre para escapar do buraco negro como faria uma partícula normal ou fóton. Assim, Hawking chegou à conclusão de que os buracos negros devem emitir uma forma fraca de radiação. Em outras palavras, os buracos negros não são realmente negros. Isso veio a ser conhecido como *radiação Hawking*. Ela é tão fraca que ainda precisa ser observada. Um buraco negro de massa estelar, por exemplo, emitiria radiação equivalente a ter uma temperatura de apenas 10^{-7} K acima do zero absoluto. Apesar disso, a maioria dos cientistas está agora convencida de que é assim que os buracos negros se comportam. Se for esse o caso, fica claro que os buracos negros emitirão energia continuamente e, no processo, perderão massa. Em outras palavras, eles se evaporam de forma muito semelhante a uma poça d'água em um dia quente. Quanto menor for um buraco negro, mais extrema é a variação de curvatura em sua proximidade, e mais fácil será para os membros do par virtual de partículas ficarem separados – um cai no buraco, e outro escapa. Portanto, quanto menor for o buraco, mais intensa é a radiação Hawking.

Afinal, qual é o destino de um buraco negro? Espera-se que os buracos negros de massa estelar evaporem em 10^{67} anos, os de massa galáctica em 10^{97} anos e aqueles formados pelo amálgama de todos os membros de um grupo de galáxias em 10^{106} anos.

Ondas gravitacionais

Assim como a teoria de Maxwell representa nosso entendimento de eletromagnetismo, a teoria da relatividade geral de Einstein é a expressão de nossa compreensão da gravidade. Maxwell conseguiu prever que deveria haver ondas eletromagnéticas – ondulações de forças elétricas e magnéticas que se propagam através do espaço. Elas seriam geradas pela aceleração de cargas elétricas. Luz visível, infravermelha, ultravioleta, ondas de rádio e raios X são exemplos de ondas eletromagnéticas: todas viajam à velocidade da luz, diferindo unicamente no comprimento de onda. Da mesma forma, Einstein pôde prever, com base em sua teoria gravitacional, que deveria haver ondas gravitacionais criadas pela aceleração de corpos massivos. Vimos anteriormente que um corpo massivo como o Sol pode ser imaginado como se estivesse sobre uma entrada no tecido do espaço-tempo (veja, por exemplo, a Figura 26). De forma semelhante, as ondas gravitacionais podem ser vistas como ondulações que passam através do tecido do espaço-tempo. Assim como as ondas eletromagnéticas, elas viajam na velocidade da luz.

A detecção dessas ondas gravitacionais não é nada fácil. Isso porque se espera que os efeitos que produzem sejam minúsculos. No caso eletromagnético, não há problema. Partículas carregadas girando sobre o circuito fechado de um acelerador de partículas (sujeitando-as à aceleração centrípeta) produzem, de imediato, radiação eletromagnética – a chamada *radiação síncroton*. Para os elétrons, a perda de energia sob tais circunstâncias é tão pronunciada que, para atingir as energias mais altas, é preferível acelerá-los por um tubo que seja reto, como o acelerador de três quilômetros em Stanford, Califórnia, em vez de fazer com que sejam direcionados repetidamente em torno de um circuito fechado.

No caso gravitacional, mesmo se fôssemos fazer girar um bloco de aço de várias toneladas com velocidade rotacional de forma que corresse o risco de se desintegrar sob as forças centrífugas, ele ainda emitiria apenas algo próximo a 10^{-30} watts de energia na forma de ondas gravitacionais.

Por esse motivo, temos que olhar além do laboratório, para objetos astronômicos, em busca de fontes mais intensas de radiação gravitacional. A primeira – de certa forma indireta – evidência de radiação gravitacional data de 1978. Lembre como Hulse e Taylor, quatro anos antes, descobriram um pulsar que era membro de um sistema binário. Vimos como ele acabou resultando no melhor teste já feito para a precessão do periélio de um corpo em órbita. Agora haveria uma segunda recompensa – que garantiu o Prêmio Nobel para seus descobridores em 1993. Os pulsares são estrelas de nêutrons que emitem jatos de radiação de seus polos magnéticos norte e sul. Posteriormente, esses jatos entram em rotação conforme o corpo gira. Se nós, aqui na Terra, estivermos em uma direção varrida por esse feixe rotatório, receberemos uma série de pulsos regulares – assim como um navio no mar recebe pulsos de luz do feixe rotatório emitido por um farol. O feixe, neste caso, é composto de ondas de rádio. O que Hulse e Taylor descobriram foi que o período básico desse pulsar (0,05903 segundo) era extremamente estável (com um acréscimo de menos de 5% por 1 milhão de anos), gerando, com isso, um relógio muito exato. Apesar de tudo, havia uma variação cíclica superposta a esse batimento regular. Isso foi interpretado como um desvio Doppler resultante do modo como o pulsar se movia em nossa direção e, a seguir, afastava-se enquanto orbitava sua companheira invisível. Calculou-se que o período orbital era de aproximadamente oito horas. Porém, o que era realmente interessante era que esse período orbital estava ficando cada vez mais curto. Não muito – apenas 75 milionésimos de segundo por ano –, mas durante uma observação de quatro anos comprovou-se que o efeito estava definitivamente lá. Em outras palavras, o pulsar, à medida que orbitava sua companheira, estava perdendo energia e seguindo uma espiral cada vez mais curta. Identificou-se que isso acontecia porque o pulsar irradiava ondas gravitacionais. A taxa calculada com base na teoria de Einstein estava de acordo com a observação dentro da faixa de meio ponto percentual.

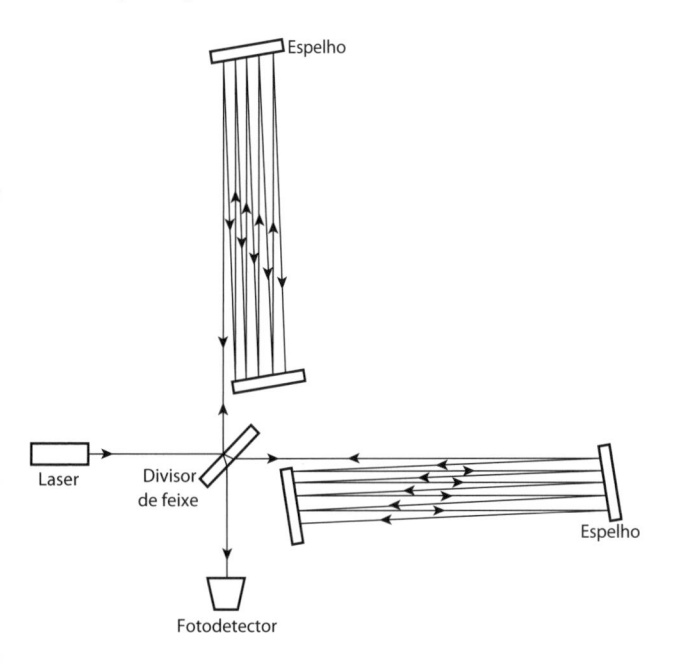

29. Esquema mostrando o layout do equipamento destinado a detectar ondas gravitacionais.

Mas, naturalmente, o que gostaríamos de fazer seria detectar ondas gravitacionais diretamente por um equipamento localizado no laboratório, mostrado de maneira esquemática na Figura 29. A ideia é dividir um feixe de laser de forma a enviar dois feixes em direções com ângulos retos entre si.

Após ter viajado por tubos evacuados por diversos quilômetros, eles são refletidos de volta à origem, onde podem se combinar e interferir um no outro. A ideia é que uma onda gravitacional passando pelo detector faria com que uma daquelas distâncias fosse aumentada, e a outra, diminuída. Isso levaria a uma perturbação no modo como os feixes se combinam – efeito que pode ser observado com um fotodetector. Tal dispositivo é chamado de interferômetro. Para aumentar a sensibilidade do equipamento a mudanças mínimas de distância, faz-se com que cada feixe percorra sua viagem de ida e volta cerca de cem vezes. Por meio dessa técnica, espera-se poder detectar, por exemplo, as ondas gravitacionais emitidas durante a explosão de uma supernova. Não se espera que uma explosão de supernova perfeitamente simétrica emita essas ondas. Felizmente, porém, não se espera que sejam perfeitamente simétricas. A expectativa é de que estrelas que terminam suas vidas em uma dessas explosões estejam em rotação. Além disso, algumas delas serão membros de sistemas binários. Assim, na prática, explosões de supernova costumam ser assimétricas e, portanto, emitem um pulso de ondas gravitacionais.

O problema de esperar uma explosão de supernova é que elas não ocorrem com frequência. Na Via Láctea, espera-se que ocorram, em média, uma vez a cada trinta anos. Isso significa que há uma boa chance de um astrônomo passar toda sua carreira esperando e acabar de mãos vazias. Por esse motivo, a busca precisa ser estendida a outras galáxias próximas. Mas é evidente que isso, por sua vez, significa que a força do sinal que se espera detectar diminuirá (a intensidade do sinal é reduzida de modo inversamente proporcional ao quadrado da distância). É a necessidade de conseguir detectar pequenos sinais de outras galáxias que determina o grau de sensibilidade exigido de algum equipamento. O objetivo é detectar alterações de comprimento de aproximadamente uma parte em 10^{21} ou o equivalente a um milésimo do tamanho de um próton. Atualmente, há diversos desses interferômetros grandes operados por equipes norte-americanas, franco-italianas, germânico-britânicas e japonesas. Ainda esperamos a primeira observação positiva de ondas gravitacionais.

E o futuro? Já existem planos de lançar um interferômetro no espaço. Além de ter a vantagem de estar livre das perturbações aleatórias na Terra que determinam os limites da sensibilidade, isso poderia aumentar em muito os comprimentos do trajeto de retorno que os feixes de laser têm que percorrer. O projeto Antena Espacial de Interferômetro a Laser (LISA, na sigla em inglês) contempla três estações espaciais com espelhos posicionadas a algo em torno de 5 milhões de quilômetros entre si. Enquanto o equipamento em operação atualmente pode, com trajetos de retorno medidos em termos de diversos quilômetros, detectar frequências de ondas de gravidade de aproximadamente 100 hertz ou mais, os braços estendidos do LISA permitiriam a detecção de frequências muito maiores – de até 1 milihertz. Isso possibilitaria investigar o espectro de ondas gravitacionais de interesse na pesquisa dos estágios primordiais de evolução do universo – o que, na próxima seção, será chamado de "inflação". Durante a elaboração deste livro, o projeto aguardava financiamento. A data de lançamento seria em 2017.

O universo

A partir em 1917, Einstein e outros começaram a aplicar a relatividade geral ao universo como um todo. Já vimos, na Figura 26, como um objeto enorme, como o Sol, causa uma curvatura local do espaço-tempo semelhante a uma cavidade. É isso que governa a influência gravitacional do Sol sobre o movimento dos planetas. Porém, até então, não consideramos a possibilidade de que o espaço-tempo tenha uma curvatura geral em grande escala. Usaremos um colchão como analogia. Cada pessoa que está deitada nele causará sua própria reentrância. Mas e se o colchão tiver uma depressão geral no meio? Os que estão na cama tenderão a ficar juntos no meio. Por outro lado, se o colchão for enchido de forma exagerada e as pessoas tiverem o hábito de sentar na beira da cama desgastando as molas nessa parte, a curvatura geral pode tender a fazer com que os ocupantes se afastem entre si. É claro que a terceira escolha seria um caro colchão ortopédico que permanece basicamente plano (o que, supostamente, faz muito bem para nós, mas é duro como uma pedra e desconfortável). Espera-se que o espaço-tempo se comporte de uma dessas três formas. Além de objetos enormes causarem cavidades locais, a massa e a densidade de energia *médias* causarão uma curvatura geral do espaço-tempo. As equações que tratam disso são extremamente complicadas, tanto que não serão mostradas aqui. É suficiente dizer que elas só se tornam viáveis no caso especial em que a distribuição de matéria é isotrópica (a mesma em todos os sentidos) e homogênea (a mesma densidade em todos os lugares). Mesmo assim, devemos nos contentar com apenas um relato descritivo desse caso. A pressuposição de que nosso universo é isotrópico e homogêneo recebe o nome de *princípio cosmológico*. Mas é assim mesmo que o universo é? À primeira vista, certamente não parece ser. O Sistema Solar obviamente não é homogêneo, nem a Via Láctea, à qual ele pertence. Nem o conjunto de trinta ou mais galáxias que formam o Grupo Local. Há muitos outros grupos, alguns consistindo de diversos milhares de galáxias. Embora as estrelas dentro de uma galáxia e as galáxias dentro de estrelas se movam entre si, existe uma ligação gravitacional – elas permanecem juntas. Mesmo conjuntos de galáxias estão associados de forma fraca em supergrupos. Eles podem assumir a forma de filamentos prolongados ou superfícies curvas bidimensionais confinando vazios que contêm muito pouco em se tratando de galáxias. Esses vazios podem ter até 200 milhões de anos-luz de lado a lado. Então, mesmo nessa escala, o universo está longe de ser homogêneo.

Felizmente, essas distâncias ainda representam apenas uma fração do tamanho do universo observável (13,7 bilhões de anos-luz). Portanto, justifica-se a aceitação do princípio cosmológico. Sendo esse o caso, restam-nos três alternativas possíveis para a curvatura geral do espaço tridimensional:

(i) Ele pode ser *plano*, o que significa que, longe de qualquer corpo gravitacional, aplica-se a geometria comum euclidiana. A soma dos ângulos de um triângulo resultaria em 180°, e a circunferência de um círculo, C, seria igual a $2\pi \times$ o raio, r. Um espaço assim presumivelmente teria uma extensão infinita.

(ii) De modo alternativo, ele poderia ter o que é chamado de *curvatura positiva*. A analogia bidimensional disso seria uma esfera (veja a Figura 20). A soma dos ângulos de um triângulo excederia 180° e, para um círculo, $C < 2\pi r$. Nesse caso (como na esfera), o universo seria finito em tamanho e fechado. Isso quer dizer que, se entrássemos em um foguete para uma determinada direção – digamos, verticalmente para cima a partir do Polo Norte –, após viajar uma distância finita, mantendo o mesmo curso, voltaríamos ao ponto de partida – retornando à Terra no Polo Sul. Isso seria análogo a uma mosca rastejando sobre a superfície de uma esfera em uma determinada direção e indo parar no mesmo ponto em que começou.

(iii) A terceira possibilidade é que o espaço tridimensional pode exibir *curvatura negativa*. A analogia bidimensional, nesse caso, seria a sela (veja a Figura 21). Os ângulos de um triângulo seriam menores do que 180° e, para o círculo, $C > 2\pi r$.

Considerando essas várias possibilidades, pode-se ficar tentado a achar que a correta é a óbvia: *sabemos* que os ângulos de um triângulo somam 180° e, para o círculo, $C = 2\pi r$, então o espaço é plano. Porém, devemos lembrar que, mesmo com as analogias da esfera e da sela, se lidarmos apenas com círculos muito pequenos, aquelas superfícies curvas chegam perto de ser planas. Considerando a curvatura do universo como um todo, os únicos triângulos e círculos com os quais tratamos são minúsculos e, por isso, esperaria-se que se aproximassem do caso plano. Em termos de desvios da geometria euclidiana, temos que pensar em triângulos, digamos, que envolvam três grupos de galáxias muito distantes. Somente nesse tipo de escala poderíamos encontrar desvios notáveis de planura.

O tipo de curvatura que se aplica ao universo dependerá de seu conteúdo. Mas antes de passar a esse ponto há uma observação adicional que devemos levar em conta. Já vimos que, segundo o princípio cosmológico, presume-se que a densidade da matéria em todos os lugares seja a mesma através do espaço. No entanto, a densidade não permanece a mesma com o tempo. Como observado pela primeira vez por Georges Lemaître em 1927, o universo está se expandindo. Os grupos de galáxias estão se afastando de nós. Quanto mais distante está um grupo, mais rápido ele se move. Um grupo que está duas vezes mais afastado que outro move-se duas vezes mais rápido. Isso é resumido pela *lei de Hubble*, proposta por Edwin Hubble em 1929:

$$v = H_0 r \tag{14}$$

onde v é a velocidade de recessão do grupo, r é sua distância de nós e H_0 é o *parâmetro de Hubble* com valor de aproximadamente 2×10^{-18} s^{-1}.

O movimento de afastamento é deduzido pela maneira como os comprimentos de onda espectrais da luz emitida por grupos distantes desviam-se para a extremidade vermelha do espectro – o chamado *desvio para o vermelho*. Em outras palavras, os comprimentos de onda são alongados. Inicialmente, isso foi interpretado como um desvio Doppler, semelhante à forma como as ondas sonoras da sirene de uma viatura policial andando em alta velocidade são desviadas para frequências mais baixas quando o carro se afasta de nós. Porém, a interpretação moderna do desvio para o vermelho é que ele surge da expansão do próprio espaço. Conforme mencionado anteriormente, não se trata do grupo estar se afastando de nós *através* do espaço. Do contrário, contemplamos o espaço entre nós e ele como uma expansão progressiva que, ao fazer isso, carrega os grupos para longe de nós em uma maré de espaço em expansão. A luz não inicia sua viagem em nossa direção com um comprimento de onda aumentado pelo movimento do grupo; em vez disso, ela começa com seu comprimento de onda normal, mas depois é progressivamente alongada pela expansão do espaço através do qual está se propagando.

É importante observar que, quando falamos do espaço em expansão, não queremos dizer que *todas* as distâncias se expandem. Se assim fosse, não teríamos como verificar tal expansão. As forças de ligação que mantêm unidos objetos como os átomos, o Sistema Solar, galáxias e grupos de galáxias são fortes o bastante para superar a tendência subjacente que o espaço tem de se alongar; portanto, permanecem com o mesmo tamanho. Isso não acontece com a fraca atração entre os grupos. Neste caso, o efeito de alongamento do espaço é predominante e afasta os grupos de modo progressivo.

Esse tipo de recessão, em que a velocidade da recessão é proporcional à distância, é exatamente a que se esperaria se, em algum momento no passado, todos os conteúdos fossem contraídos até um ponto. Houve uma explosão que os separou. Isso é o que se chama de *Big Bang*. O movimento de afastamento que vemos hoje é consequência daquela explosão. Da separação observada dos grupos no tempo presente e das velocidades com as quais estão se propagando, podemos calcular quanto tempo seria necessário para que eles viajassem aquela distância naquela velocidade. É assim que chegamos à conclusão de que o Big Bang ocorreu há 13,7 bilhões de anos.

A lei de Hubble aplica-se bem a distâncias moderadas. Porém, esperam-se desvios em escala maior. Existe a possibilidade de que a taxa de expansão varie com o tempo. De fato, foi originalmente previsto que, em função da gravidade mútua operando entre os grupos, eles estariam desacelerando. Se a densidade média era grande o bastante, essa atração mútua deveria, por fim, desacelerar os grupos até uma parada completa. Daí para frente, eles seriam aproximados mais uma vez em um *Big Crunch*. Haveria uma duração finita entre o Big Bang e o Big Crunch. Não só isso; uma densidade tão alta faria com que o espaço tivesse uma curvatura positiva, sendo ilimitado, mas de tamanho finito (como a superfície da esfera no caso bidimensional).

Naturalmente, com o universo em expansão e com o aumento das distâncias entre os grupos, poderia se esperar que a gravidade mútua entre eles estivesse sendo reduzida. Se a densidade da matéria for baixa, de forma que a gravidade mútua tenha basicamente caído a zero com os grupos ainda se afastando, então a expansão continuará para sempre. Nesse caso, teríamos uma curvatura negativa e um universo de extensão infinita.

Entre esses dois extremos está o caso chamado de *densidade crítica*. É aqui que a atração gravitacional praticamente cai até zero à medida que os grupos se aproximam da velocidade zero de afastamento de modo assintótico. Para esse caso, a geometria é plana. No estágio atual de desenvolvimento do universo, a densidade crítica teria um valor de aproximadamente 10^{-26} kg m^{-3} – equivalente a cerca de dez átomos de hidrogênio por metro cúbico.

Tentativas de mensurar a taxa de desaceleração envolvem observações dos mais distantes grupos de galáxias. Não há dificuldade em medir a extensão do desvio para vermelho. Porém, há problemas consideráveis em obter estimativas confiáveis para a distância até o grupo. Por esse motivo, mensurações observacionais não conseguiram, por muito tempo, calcular a extensão da desaceleração e, portanto, eleger um entre os três modelos possíveis. Até que, em 1998, veio a primeira indicação surpreendente de que os grupos distantes não estavam desacelerando; pelo contrário, estavam acelerando! Esse resultado completamente inesperado revelou a existência de um tipo até então desconhecido de força, que agia no sentido oposto da gravidade mútua entre grupos e, além disso, predominava em distâncias longas. Teremos mais a dizer adiante sobre a fonte dessa força.

Conforme já mencionado, a curvatura global do espaço depende dos conteúdos do universo. Foram o físico russo Alexander Friedmann, em 1922, e, de forma independente, o físico e padre belga Georges Lemaître, em 1927, que, usando a teoria de Einstein, desenvolveram as equações associando a curvatura do espaço à sua fonte. Há basicamente duas fontes da curvatura do universo. A primeira é a massa ou a densidade energética média dos conteúdos do universo. Aqui, lembramos a ideia oriunda da teoria da relatividade especial de que a massa e a energia são equivalentes por meio da equação $E = mc^2$. Pode-se considerar que um objeto tem energia na forma encerrada de massa de repouso, além de energia cinética em razão de seu movimento. Mas não é só a matéria que tem energia. A radiação eletromagnética tem energia, assim como os campos gravitacionais. Logo, neste contexto, precisamos prestar atenção nos diferentes tipos de energia que podem existir. *Densidade energética* é o primeiro termo na expressão para a fonte da curvatura espacial. O segundo refere-se à pressão e surge do modo como os grupos estão se afastando entre si. Esse movimento concertado dá origem a um fluxo de momentum exterior que, como a densidade energética, tem uma contribuição a fazer à curvatura do espaço. O termo mais importante é a densidade energética, e é nele que nos concentraremos.

Então, o que descobrimos? A densidade energética é igual, maior ou menor do que o valor crítico? Com base nas contribuições das estrelas visíveis contidas nas galáxias, verificamos que ela é equivalente a cerca de 4% do valor crítico. Isso, por si só, indicaria que a curvatura do espaço é negativa, que o espaço é infinito em extensão e que a expansão continuará para sempre. No entanto, não devemos ser tão apressados. O Sol, como as outras estrelas da Via Láctea, está em órbita ao redor do centro da galáxia, mantido no curso pela atração gravitacional exercida por toda a matéria que está mais próxima do centro do que nós. O problema é que, quando estimamos a massa total dessas estrelas, inclusive as engolidas pelo buraco negro no centro da galáxia, constatamos que não há massa suficiente para exercer uma atração gravitacional com a intensidade necessária para nos manter em nossa órbita. A conclusão deve ser de que há muito mais matéria na galáxia do que aquela que pode ser explicada pelas estrelas. Chama-se a esse componente invisível de *matéria escura*. Do que ela consiste não está claro atualmente, embora se acredite que não seja do tipo de matéria com o qual estamos familiarizados – elétrons, nêutrons e prótons.

A seguir, enfatizamos que as galáxias estão ligadas gravitacionalmente em grupos. Ainda que essas galáxias não orbitem uma à outra do modo regular como as estrelas orbitam o centro de sua galáxia, as velocidades com as quais elas se movem dentro do grupo, sem escapar da atração do outros membros, nos permitem estimar a massa total do grupo. O resultado é maior do que a soma total das massas das próprias galáxias, mesmo levando em conta a matéria escura contida nelas. Isso, por sua vez, implica que existe matéria escura adicional *entre* as galáxias. De modo geral, estima-se que o total de energia contida na matéria, tanto visível quanto escura, represente aproximadamente 30% da densidade crítica.

Finalmente, ao compilar esse inventário de contribuições à densidade energética total do universo, devemos registrar a recente descoberta de que a expansão do universo está acelerando e por que isso acontece. Tal aceleração é atribuída a uma característica de densidade energética do vácuo. A princípio, parece estranho atribuir qualquer coisa ao "espaço vazio". Mas já observamos que, para um físico, o espaço vazio não deve ser visto como *nada*. Já vimos como ele pode ser curvado, como pode carregar grupos de galáxias em uma maré de espaço em expansão e como pares de partículas virtuais podem surgir, por um momento fugaz, do vácuo. Essa é uma possibilidade permitida pelo princípio da incerteza de Heisenberg. Uma de suas consequências é que, em qualquer ponto no tempo, é impossível especificar precisamente o que a energia é. Em especial, não podemos especificar que a energia do vácuo seja zero – *exatamente* zero. Isso possibilita que as partículas virtuais tomem energia emprestada de modo temporário, recebendo a energia necessária para produzir massa de repouso e, com isso, passar a existir. Assim, o vácuo é considerado uma população efervescente de partículas que existem por curtos períodos de tempo antes de desaparecer mais uma vez. Esse fenômeno dá origem a uma densidade energética flutuante média para o vácuo – o que hoje chamamos de *energia escura*. Ela dá sua própria contribuição à densidade energética total do universo. Assim como outros tipos de energia, ela aumenta ainda mais a curvatura total do espaço. A energia escura difere dos outros tipos de energia na maneira como afeta o movimento das grupos de galáxias. Enquanto os outros tipos de energia causam atração gravitacional, esta origina uma repulsão – a repulsão que é responsável pela aceleração da expansão do universo.

Vale ressaltar, de passagem, que em 1917 o próprio Einstein, por algum tempo, cogitou uma ideia relacionada. Ele, como todo mundo na época, tinha a impressão de que o universo era essencialmente estático (a expansão de Hubble ainda estava para ser descoberta). Portanto, ele precisava, de fato, de uma força repulsiva para se opor à tendência gravitacional de atrair toda a matéria do universo. Isso o levou a incluir em sua equação um item extra, chamado de *constante cosmológica* e representado por Λ. Mais tarde ele iria se arrepender disso, porque, do contrário, poderia ter previsto que o universo estava expandindo (sendo que essa é a única outra maneira de evitar que as galáxias se reúnam).

Embora a existência da energia escura tenha sido reconhecida há pouco tempo, seu destino é desempenhar uma função predominante no futuro do universo. A densidade de energia escura, sendo uma característica do vácuo, permanece constante através da expansão do universo. Outras formas de densidade energética, como as resultantes de matéria e radiação, diminuem com a expansão. No início, a densidade energética associada à radiação predominava, e a expansão desacelerava. Mas agora aquelas contribuições à densidade energética total caíram abaixo disso devido à energia escura.

Como resultado, a desaceleração inicial da expansão foi substituída pela aceleração observada em função da energia escura (veja a Figura 30, onde R, uma medida da escala do universo, é representado no gráfico em relação ao tempo, t). Espera-se que essa aceleração continue no futuro.

Afinal, como podemos resumir isso tudo? Nossas melhores estimativas para as várias contribuições à densidade energética, em termos de frações da densidade crítica, são as seguintes:

Matéria comum em forma de estrelas	$0,04 \pm 0,004$
Matéria escura	$0,27 \pm 0,04$
Energia escura	$0,73 \pm 0,04$
DENSIDADE TOTAL	$1,02 \pm 0,02$

O fato de que o resultado final seja tão próximo ao valor crítico exige uma explicação. Isso ocorre porque é preciso perceber que, se imediatamente após o Big Bang a densidade tivesse sido um pouco diferente do valor crítico, essa diferença teria se multiplicado em muito nos dias de hoje. Se, por exemplo, ela tivesse sido um pouco menor do que o valor crítico no começo, a expansão no próximo intervalo de tempo curto teria sido maior do que o adequado para a densidade crítica. Isso, por sua vez, significaria um volume maior a ser ocupado pela energia do que teria ocorrido no caso do valor crítico.

Isso reduz ainda mais uma densidade que já era muito baixa. Assim, o déficit de densidade é agravado. Por exemplo, foi estimado que, se a densidade hoje fosse de 30% do valor crítico, então poderíamos retroceder até uma defasagem de apenas uma parte em 10^{60} para 10^{-43} segundos após o Big Bang.

Em razão dessas considerações, reconheceu-se que, mesmo antes da recente descoberta da contribuição vinda da energia escura, a densidade atual estava notavelmente próxima ao valor crítico. Em 1981, Alan Guth propôs uma explicação provável para isso. Ele introduziu a ideia de que, logo após o Big Bang, houve um período de expansão

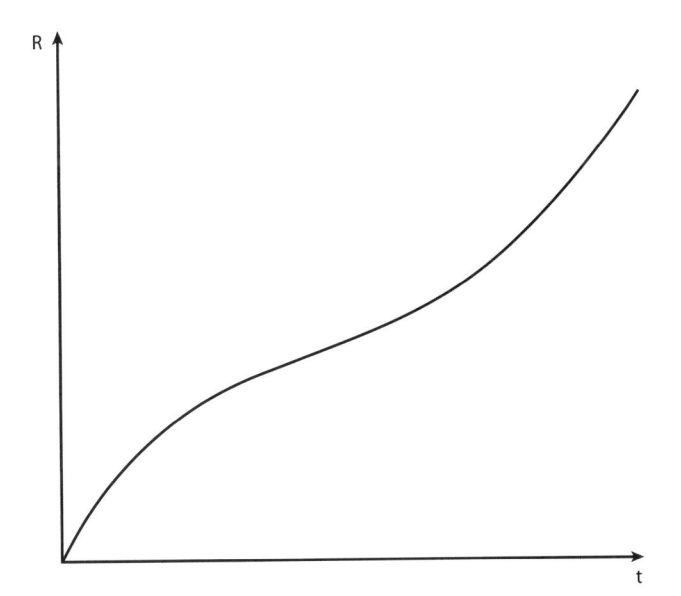

30. O parâmetro R, referente ao tamanho do universo, é representado no gráfico em relação ao tempo decorrido desde o Big Bang. A princípio, a taxa de aumento de R desacelera em razão da atração gravitacional entre os grupos de galáxias. Porém, mais adiante a contribuição devido à energia escura predomina e a taxa de aumento de R acelera.

excepcionalmente rápida, chamada de *inflação*. O universo aumentou de tamanho a uma taxa de 10^{30} em um período de 10^{-32} segundos. Qualquer que tenha sido a curvatura antes da inflação, posteriormente ela teria ficado plana. A situação era semelhante a um balão sendo enchido. Embora possa estar enrugado no início, a seguir, se a expansão for grande o bastante, qualquer pequena área da superfície se tornará basicamente plana. Da mesma forma, nosso universo observável – aquela parte do universo inteiro que está a 13,7 bilhões de anos-luz de nós e da qual conseguimos receber luz emitida desde o Big Bang – não passa de uma parte diminuta do universo total. O universo observável, portanto, é efetivamente plano.

A conclusão é que, dentre as várias geometrias possíveis permitidas pela relatividade geral, nosso universo tem um espaço plano; a geometria euclidiana se sustenta. Porém, o espaço-tempo *não* é plano. Como o espaço está se expandindo com o tempo, o componente tempo deve ser considerado "curvo". Nisso está a diferença em relação ao espaço-tempo da relatividade especial, em que, além do espaço, o espaço-tempo também é considerado plano.

Concluindo, vimos como a teoria da relatividade especial de Einstein nos permite entender o comportamento dos menores constituintes subatômicos da natureza à medida que se propagam com velocidades próximas à da luz, e como sua teoria da relatividade geral oferece a linguagem e as ferramentas básicas para compreender o universo como um todo. Consideradas em conjunto, trata-se realmente de uma realização notável.

Leituras complementares

Para leitores interessados no desenvolvimento histórico do assunto:

EISENSTAEDT, Jean. *The Curious History of Relativity*. Princeton: Princeton University Press, 2006.

PAIS, Abraham. *Subtle is the Lord*. Oxford: Oxford University Press, 1982.

Livros em nível semelhante ao deste:

BONDI, Hermann. *Relativity and Common Sense*. New York: Dover, 1964.

BORN, Max. *Einstein's Theory of Relativity*. New York: Dover, 1962.

EINSTEIN Albert. *Relativity*. Reimpresso na série Routledge Classics, 2001 [1954].

GIULINI, Domenico. *Special Relativity: A First Encounter*. Oxford: Oxford University Press, 2005.

HAWKING, Stephen. *A Briefer History of Time*. New York: Bantam, 2005.

MERMIN, N. David. *It's About Time*. Princeton: Princeton University Press, 2003.

SCHUTZ, Bernard. *Gravity from the Ground Up*. Cambridge: Cambridge University Press, 2003.

TAYLOR, John. *Black Holes*. London: Souvenir Press, 1998.

Abordagens mais matemáticas do assunto:

ELLIS, George F. R.; WILLIAMS, Ruth M. *Flat and Curved Space-Times*. Oxford: Oxford University Press, 2000.

PETKOV, Vesselin. *Relativity and the Nature of Spacetime*. New York: Springer, 2004.

RINDLER, Wolfgang. *Relativity*. Oxford: Oxford University Press, 2006.

WILLIAMS, W. S. C. *Introducing Special Relativity*. London: Taylor and Francis, 2002.

UMA COMPREENSÃO COMPLETA DA RELATIVIDADE GERAL EXIGE UM CONHECIMENTO SOFISTICADO DE MATEMÁTICA. HÁ VÁRIOS LIVROS ESCRITOS NESSE NÍVEL, INCLUSIVE OS SEGUINTES:

CHENG, Ta-Pei. *Relativity, Gravitation, and Cosmology.* Oxford: Oxford University Press, 2005.

HARTLE, James B. *Gravity: An Introduction to Einstein's General Relativity.* San Francisco: AddisonWesley, 2005.

MOULD, Richard A. *Basic Relativity.* New York: Springer, 1994.

OHANIAN Hans C.; RUFFINI, Remo. *Gravitation and Spacetime.* London: Norton, 1994.

WALD, Robert M. *General Relativity.* Chicago: University of Chicago Press, 1984.

NO EXTREMO OPOSTO DO ESPECTRO, PARA CRIANÇAS DE DEZ ANOS OU MAIS:

STANNARD, Russell. *The Time and Space of Uncle Albert.* London: Faber and Faber, 1989.

_____. *Black Holes and Uncle Albert.* London: Faber and Faber, 1991.

ÍNDICE REMISSIVO

A

aceleração 8, 20, 21, 23, 41, 52-59, 61, 63-65, 67, 69, 70, 103, 104, 114-116
   devido à gravidade 52, 61
acelerador de Stanford 45, 104
aceleradores de partículas 45, 49
Agência Espacial Europeia 61, 72
agora 11, 38-42, 44, 47, 48, 51, 54, 59, 61, 63, 65, 66, 70, 80, 89, 95, 100, 102, 115
anã branca 92
ausência de peso 53, 54

B

Big Bang 75, 100, 111, 112, 116, 117
Big Crunch 112
bombas nucleares 46, 48
buraco de minhoca 101
buracos brancos 101
buracos negros 63, 92-103, 114
   estelares 96, 100
   evidências de 99
   galáctico 96, 101
   rotatórios, solução de Kerr 97

C

causalidade 27, 30

CERN 11, 17, 45
cone de luz 32, 38
constante cosmológica 115
contração do comprimento 21
criação de partículas 49
curvatura da luz 69, 72, 75, 80, 83, 87

D

densidade crítica 112, 114, 116
desvio Doppler 98, 104, 110
desvio para o azul gravitacional 59, 62, 63
desvio para o vermelho cosmológico 110
desvio para o vermelho gravitacional 59, 61, 63, 65, 80, 87, 90
dilatação do tempo 15, 18, 20, 21, 24, 33, 42, 43, 50, 59, 62-65

E

Eddington, Arthur 70, 72
efeito de lente gravitacional 72, 87
Einstein, Albert 7, 10, 12, 34, 38, 42, 43, 46, 52, 53, 61, 70, 72-75, 84, 87, 90, 93, 97, 101, 103, 105, 107, 113, 115, 118
$E = mc^2$ 44, 46, 47, 113
encanto 50
energia escura 115-117

energia nuclear 48, 49
ergosfera (do buraco negro rotatório) 97
espaço curvo 73
   curvatura negativa 109, 112
   curvatura positiva 109, 112
espaço-tempo
   estranheza 50
   estrelas anãs 61
   estrelas de nêutrons 61, 104
   evento 35
   explosão de supernova 92, 93, 97, 106
   intervalos no 35, 37
   plano 91
espaço-tempo curvo 80, 83, 91
espaço-tempo, diagramas 27, 29, 30, 32
espaço-tempo quadridimensional 33
experimento de Hafele e Keating 62
experimento de Irwin Shapiro 84
experimento de Michelson-Morley 12
experimento de Pound e Rebka 61
experimento de Taylor e Hulse 84, 104
experimentos com radar 84, 86, 87

F

fissão nuclear 48
fluxo de tempo 40
Friedmann, Alexander 113
fusão nuclear 48, 49, 92
futuro absoluto 31, 32, 37, 38

G

galáxias ativas 99, 100
Galileu 10, 51
geodésica 80-83
gigantes vermelhas 92, 98
gravidade 8, 51-57, 59, 61, 63, 69, 72-75, 82, 83, 87, 89, 91-94, 97, 100, 101, 103, 107, 111, 112
Guth, Alan 116

H

Hawking, Stephen 100-103
horizonte de eventos 94-97, 101, 102

I

inflação 107, 117
intervalos tipo-espaço 37, 38
intervalos tipo-tempo 37, 38

L

lei de Hubble 110, 111
leis do eletromagnetismo de Maxwell 10
Lemaître, George 110, 113
limite estático (do buraco negro rotatório) 97
linha de universo 32, 81

M

massa
  de repouso 44, 46-50, 113, 115
  gravitacional 52, 99
  inercial 52
  relativista 46, 47
matéria escura 114
miniburacos negros 100
Minkowski, Hermann 34, 38
missão Apolo 51
momentum, expressão relativista para 41, 42, 44-46, 97, 98, 113
múons 17, 19, 20

O

ondas gravitacionais 101, 103-107
Oppenheimer, J. Robert 93
outro lugar 31, 32, 38, 101

P

paradoxo dos gêmeos 18, 19, 21, 63, 81, 82
parâmetro de Hubble 110
passado absoluto 31, 32, 38
periélio de Mercúrio, precessão do 87
píon 50
princípio cosmológico 108-110
princípio da incerteza de Heisenberg 114
princípio da relatividade 9, 10, 12, 15, 18, 20-22, 53
princípio de equivalência 51, 54-57, 59, 69

forte 55
fraco 54, 55
projeto LISA 107
pulsares 104

Q

quasares 72, 100

R

radiação Hawking 102, 103
radiação síncroton 104
raio de Schwarzschild 94, 96
referenciais inerciais 12, 18, 91
relatividade especial 12, 50, 53, 62, 63, 80, 81, 91, 95, 113, 118
relatividade geral 51

S

segunda lei de Newton 41, 42
simultaneidade, perda de 24, 26, 27, 28, 40, 43
Snyder. Hartland 93
solução de Schwarzschild 90, 92, 97

T

táquions 43
tempo próprio 81-83

U

universalidade da queda livre 51, 52, 55
universo 32, 39, 40, 80, 81, 82, 101, 107-110, 112-118

densidade energética do 113-116

expansão do 114, 115

universo bloco 39, 40

V

velocidade da luz 9-12, 17, 23, 26, 41, 42, 45, 50, 53, 90, 91, 95, 103

    afetada pela gravidade 89, 91

    como a velocidade definitiva 41

W

Wheeler, John 93

Lista de ilustrações

1. Ondulações geradas por um barco / 11
2. Experimento da astronauta com um pulso de luz / 13
3. Experimento conforme visto pelo controle da missão na Terra / 14
4. Distância percorrida pelo pulso de acordo com a astronauta / 16
5. Contração do comprimento / 23
6. Dois pulsos emitidos ao mesmo tempo do centro da espaçonave / 25
7. Perda de simultaneidade / 25
8. Diagrama espaço-tempo mostrando a passagem de dois pulsos de luz do centro da espaçonave / 28
9. Diagrama espaço-tempo com eixos correspondentes ao sistema de coordenadas do controlador da missão / 29
10. Diagrama espaço-tempo ilustrando as três regiões em que eventos podem ser encontrados em relação a um evento O / 31
11. Percepções diferentes de um lápis / 33
12. Comprimento expresso em termos de componentes / 36
13. Trajetos de objetos em queda por gravidade / 56
14. Pulsos de luz em uma espaçonave / 57

15. Pulsos de luz em um campo gravitacional / 60

16. Dois relógios no paradoxo dos gêmeos / 66

17. Curvatura da luz em uma espaçonave submetida a queda livre e aceleração / 69

18. Experimento de Eddington / 71

19. Curvatura do espaço causada pelo Sol / 76

20. Geometria na superfície de uma esfera / 77

21. Sela / 78

22. Cilindro / 79

23. Linhas de universo para os dois gêmeos / 82

24. Precessão do periélio de Mercúrio / 85

25. Teste de Shapiro da relatividade geral / 86

26. Curvatura do espaço e órbitas planetárias / 88

27. Diminuição da curvatura dentro do Sol / 89

28. Curvatura do espaço causada por um buraco negro / 93

29. Detecção de ondas gravitacionais / 105

30. Gráfico do tamanho do universo *versus* tempo / 117

Coleção L&PM POCKET (LANÇAMENTOS MAIS RECENTES)

901. **Snoopy: Sempre alerta! (10)** – Charles Schulz
902. **Chico Bento: Plantando confusão** – Mauricio de Sousa
903. **Penadinho: Quem é morto sempre aparece** – Mauricio de Sousa
904. **A vida sexual da mulher feia** – Claudia Tajes
905. **100 segredos de liquidificador** – José Antonio Pinheiro Machado
906. **Sexo muito prazer 2** – Laura Meyer da Silva
907. **Os nascimentos** – Eduardo Galeano
908. **As caras e as máscaras** – Eduardo Galeano
909. **O século do vento** – Eduardo Galeano
910. **Poirot perde uma cliente** – Agatha Christie
911. **Cérebro** – Michael O'Shea
912. **O escaravelho de ouro e outras histórias** – Edgar Allan Poe
913. **Piadas para sempre (4)** – Visconde da Casa Verde
914. **100 receitas de massas light** – Helena Tonetto
915. (19). **Oscar Wilde** – Daniel Salvatore Schiffer
916. **Uma breve história do mundo** – H. G. Wells
917. **A Casa do Penhasco** – Agatha Christie
918. **Maigret e o finado sr. Gallet** – Simenon
919. **John M. Keynes** – Bernard Gazier
920. (20). **Virginia Woolf** – Alexandra Lemasson
921. **Peter e Wendy** *seguido de* **Peter Pan em Kensington Gardens** – J. M. Barrie
922. **Aline: numas de colegial (5)** – Adão Iturrusgarai
923. **Uma dose mortal** – Agatha Christie
924. **Os trabalhos de Hércules** – Agatha Christie
925. **Maigret na escola** – Simenon
926. **Kant** – Roger Scruton
927. **A inocência do Padre Brown** – G.K. Chesterton
928. **Casa Velha** – Machado de Assis
929. **Marcas de nascença** – Nancy Huston
930. **Aulete de bolso**
931. **Hora Zero** – Agatha Christie
932. **Morte na Mesopotâmia** – Agatha Christie
933. **Um crime na Holanda** – Simenon
934. **Nem te conto, Judas** – Dalton Trevisan
935. **As aventuras de Huckleberry Finn** – Mark Twain
936. (21). **Marilyn Monroe** – Anne Plantagenet
937. **China moderna** – Rana Mitter
938. **Dinossauros** – David Norman
939. **Louca por homem** – Claudia Tajes
940. **Amores de alto risco** – Walter Riso
941. **Jogo de damas** – David Coimbra
942. **Filha é filha** – Agatha Christie
943. **M ou N?** – Agatha Christie
944. **Maigret se defende** – Simenon
945. **Bidu: diversão em dobro!** – Mauricio de Sousa
946. **Fogo** – Anaïs Nin
947. **Rum: diário de um jornalista bêbado** – Hunter Thompson
948. **Persuasão** – Jane Austen
949. **Lágrimas na chuva** – Sergio Faraco
950. **Mulheres** – Bukowski
951. **Um pressentimento funesto** – Agatha Christie
952. **Cartas na mesa** – Agatha Christie
953. **Maigret em Vichy** – Simenon
954. **O lobo do mar** – Jack London
955. **Os gatos** – Patricia Highsmith
956. (22). **Jesus** – Christiane Rancé
957. **História da medicina** – William Bynum
958. **O Morro dos Ventos Uivantes** – Emily Brontë
959. **A filosofia na era trágica dos gregos** – Nietzsche
960. **Os treze problemas** – Agatha Christie
961. **A massagista japonesa** – Moacyr Scliar
962. **A taberna dos dois tostões** – Simenon
963. **Humor do miserê** – Nani
964. **Todo o mundo tem dúvida, inclusive você** – Édison Oliveira
965. **A dama do Bar Nevada** – Sergio Faraco
966. **O Smurf Repórter** – Peyo
967. **O Bebê Smurf** – Peyo
968. **Maigret e os flamengos** – Simenon
969. **O psicopata americano** – Bret Easton Ellis
970. **Ensaios de amor** – Alain de Botton
971. **O grande Gatsby** – F. Scott Fitzgerald
972. **Por que não sou cristão** – Bertrand Russell
973. **A Casa Torta** – Agatha Christie
974. **Encontro com a morte** – Agatha Christie
975. (23). **Rimbaud** – Jean-Baptiste Baronian
976. **Cartas na rua** – Bukowski
977. **Memória** – Jonathan K. Foster
978. **A abadia de Northanger** – Jane Austen
979. **As pernas de Úrsula** – Claudia Tajes
980. **Retrato inacabado** – Agatha Christie
981. **Solanin (1)** – Inio Asano
982. **Solanin (2)** – Inio Asano
983. **Aventuras de menino** – Mitsuru Adachi
984. (16). **Fatos & mitos sobre sua alimentação** – Dr. Fernando Lucchese
985. **Teoria quântica** – John Polkinghorne
986. **O eterno marido** – Fiódor Dostoiévski
987. **Um safado em Dublin** – J. P. Donleavy
988. **Mirinha** – Dalton Trevisan
989. **Akhenaton e Nefertiti** – Carmen Seganfredo e A. S. Franchini
990. **On the Road – o manuscrito original** – Jack Kerouac
991. **Relatividade** – Russell Stannard
992. **Abaixo de zero** – Bret Easton Ellis
993. (24). **Andy Warhol** – Mériam Korichi
994. **Maigret** – Simenon
995. **Os últimos casos de Miss Marple** – Agatha Christie
996. **Nico Demo** – Mauricio de Sousa
997. **Maigret e a mulher do ladrão** – Simenon
998. **Rousseau** – Robert Wokler
999. **Noite sem fim** – Agatha Christie
1000. **Diários de Andy Warhol (1)** – Editado por Pat Hackett
1001. **Diários de Andy Warhol (2)** – Editado por Pat Hackett
1002. **Cartier-Bresson: o olhar do século** – Pierre Assouline

IMPRESSÃO:

Gráfica Editora Pallotti
IMAGEM DE QUALIDADE

Santa Maria - RS - Fone/Fax: (55) 3220.4500
www.pallotti.com.br